U0228997

CAXA CAM

数控铣削加工自动编程经典实例

CAXA CAM SHUKONG XIXIAO JIAGONG
ZIDONG BIANCHENG JINGDIAN SHILI

刘玉春　编著 ●

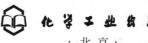
化学工业出版社
·北京·

内 容 提 要

《CAXA CAM数控铣削加工自动编程经典实例》在介绍CAXA制造工程师2016软件和自动数控编程技术的基础上，通过对25个典型零件的造型方法和数控自动编程的详细讲解，向读者清晰地展示了CAXA软件造型及数控自动加工模块的主要功能和操作技巧。全书主要介绍了平面类典型零件的加工与仿真、图像零件的加工与仿真、吊钩锻模零件的设计与加工、旋钮模具型芯的设计与加工、曲面凸台零件的设计与加工、可乐瓶底模具零件的设计与加工、回转曲面类零件的四轴加工与仿真、鼠标曲面造型设计与五轴加工、叶轮零件的设计与五轴加工、数控大赛旋盖零件的设计与加工等内容，各项目实例均配以大量图片详细展示了其自动编程的步骤和技巧。

本书结构紧凑，实例丰富而经典，讲解详细且通俗易懂，能帮助CAXA用户迅速掌握和全面提高CAXA制造工程师2016软件数控编程的操作技能，对具有一定数控编程基础的用户也有参考价值。本书所有的实例源文件，读者均可免费获取。

《CAXA CAM数控铣削加工自动编程经典实例》可作为机械制造专业的技能鉴定或数控大赛参考用书，可供广大CAD/CAM软件爱好者自学使用，也可以作为高等学校、职业院校等相关专业学生的教材。

图书在版编目（CIP）数据

CAXA CAM数控铣削加工自动编程经典实例/刘玉春编
著.—北京：化学工业出版社，2020.7
ISBN 978-7-122-36641-2

Ⅰ．①C… Ⅱ．①刘… Ⅲ．①数控机床–铣削–程序设
计 Ⅳ．①TG547

中国版本图书馆CIP数据核字（2020）第075435号

责任编辑：高 钰		文字编辑：陈 喆	
责任校对：张雨彤		装帧设计：刘丽华	

出版发行：化学工业出版社（北京市东城区青年湖南街13号　邮政编码100011）
印　　装：三河市延风印装有限公司
787mm×1092mm　1/16　印张10½　字数257千字　2020年10月北京第1版第1次印刷

购书咨询：010-64518888　　　　　　　售后服务：010-64518899
网　　址：http://www.cip.com.cn
凡购买本书，如有缺损质量问题，本社销售中心负责调换。

定　　价：48.00元

版权所有　违者必究

前　言

　　CAXA制造工程师2016软件是北航海尔有限公司在CAM领域经过多年的深入研究和总结，并对中国数控加工技术和国际先进技术完全消化和吸收的基础上，推出的在操作上"贴近中国用户"、在技术上符合"国际技术水准"的最新CAM操作软件，在机械、电子、航空、航天、汽车、船舶、军工、建筑、轻工及纺织等领域得到广泛的应用，以高速度、高精度、高效率等优越性获得一致的好评。CAXA制造工程师2016主要面向2~5轴数控铣床和加工中心，具有优越的工艺性能，与以往版本相比，CAXA制造工程师2016新增加了部分加工功能，对原有功能也进行了增强和优化。

　　本书以CAXA制造工程师2016软件知识为基础，通过大量的具体造型及加工实例，系统地讲解了数控加工自动编程的知识，着重介绍了具体实例的编程技术和操作技巧，使读者能更好地理解并巩固所学的知识内容，提高综合的实体造型和数控加工能力。全书共十个项目，分别是平面类典型零件的加工与仿真，图像零件的加工与仿真，吊钩锻模零件的设计与加工，旋钮模具型芯的设计与加工，曲面凸台零件的设计与加工，可乐瓶底模具零件的设计与加工，回转曲面类零件的四轴加工与仿真，鼠标曲面造型设计与五轴加工，叶轮零件的设计与五轴加工，数控大赛旋盖零件的设计与加工。本书结构紧凑，实例丰富而经典，讲解详细且通俗易懂，能帮助CAXA用户迅速掌握和全面提高CAXA软件数控自动编程的操作技能，对具有一定数控编程基础知识的用户也有参考价值。

　　本书的内容已制作成用于多媒体教学的PPT课件，并将免费提供给采用本书作为教材的院校使用。如有需要，请发电子邮件至cipedu@163.com获取，或登录www.cipedu.com.cn免费下载。

　　本书所有的实例源文件，读者均可通过联系QQ：1741886042免费获取。

　　本书集成了CAXA CAM数控铣（含加工中心）的主要内容，坚持以"够用为度、学做结合"为原则，突出"适用性""综合性"和"可读性"，让读者在具体操作实例的指引下，快速学习CAXA制造工程师软件的造型理论及加工编程知识。

　　本书可作为机械制造专业的技能鉴定或数控大赛参考用书，可供广大CAD/CAM软件爱好者自学使用，也可以作为高等学校、职业院校等相关专业学生的教材。

　　本书由甘肃畜牧工程职业技术学院刘玉春编著。在本书的编写过程中，得到了甘肃畜牧工程职业技术学院张毅教授、甘肃农业大学张炜教授的大力支持，编者在此表示衷心的感谢！

　　由于编者水平有限，加之时间仓促，书中不妥之处，敬请读者批评指正。

编著者

2020年5月

目　录

第一章

平面类典型零件的加工与仿真

CAXA制造工程师2016是款优秀的2～5轴数控编程CAM工具；它为数控加工行业提供了从造型、设计到加工代码生成、加工仿真、代码校验等一体化的解决方案，是数控机床真正的"大脑"。本章以平面型腔零件、1/4圆形弯头曲面零件和凸轮零件的造型及加工为例，介绍了CAXA制造工程师2016软件的二维造型、曲面造型、实体造型、建立毛坯及加工坐标系建立的方法，重点学习平面区域粗加工、平面轮廓精加工、孔加工、等高线粗加工、等高线精加工、参数线精加工和曲面区域精加工等功能。

◎ **技能目标**
· 了解CAXA制造工程师2016操作界面。
· 掌握CAXA制造工程师基本造型功能。
· 掌握平面区域粗加工、平面轮廓精加工功能。
· 掌握等高线粗加工、等高线精加工功能。
· 掌握参数线精加工和曲面区域精加工功能。

［实例1-1］ 平面型腔零件的二维造型与加工

完成图1-1所示的零件二维造型及加工程序编制。零件材料为45钢，毛坯为180mm×160mm×8mm板料。毛坯的上下表面及侧面已满足加工要求。

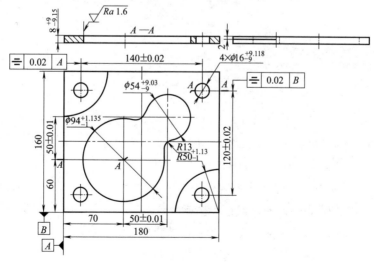

图1-1 腔体零件尺寸

一、工艺分析

① 选用机床：数控铣床。

② 选用夹具：平口钳夹紧定位，百分表找正。

③ 工艺分析：该零件加工内容包括一个圆弧内型腔孔，两个台阶孔，两个通孔。其中型腔、小孔的尺寸公差均有较高的精度要求，并且工件内侧表面粗糙度要求 Ra 为 1.6μm，所以应该分为粗加工和精加工来完成。

二、绘制零件模型

由于"平面区域粗加工""平面轮廓精加工"和"孔加工"命令均可以采用 2D 模型进行加工，因此，结合此零件的特点，只在空间平面内建立 2D 平面模型就可以生成加工轨迹。

双击桌面图标 ，进入 CAXA 制造工程师 2016 操作界面。移动光标至特征树栏左下角，选择"特征管理"，显示零件特征栏，进入造型界面。

① 在曲线选项卡中，单击曲线生成栏中的"矩形"按钮 ，在立即菜单中选择"中心_长_宽"方式，输入长度 180 和宽度 160，按回车键。捕捉系统中心坐标，按回车键确定，矩形生成。如图 1-2 所示。

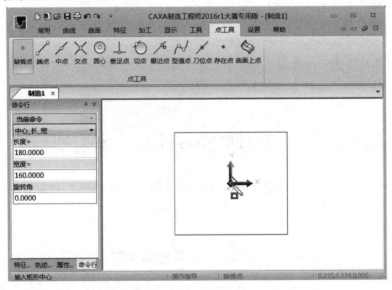

图 1-2 绘制矩形

② 在曲线选项卡中，单击曲线工具栏中的"整圆"按钮 ，选择"圆心_半径"，按软件提示，捕捉矩形右下交点为圆形曲线的圆心，按回车键输入 50，再按回车键完成半径为"50"圆的绘制，如图 1-3 所示。同理作左上角 R50mm 的圆。

③ 在曲线选项卡中，单击曲线编辑栏中的"曲线裁剪"按钮 ，在立即菜单中选择"快速裁剪"和"正常裁剪"。按状态栏提示拾取被裁剪曲线，单击矩形外部的圆，裁剪完成。

④ 在曲线选项卡中，单击曲线工具栏中的"整圆"按钮 ，选择"圆心_半径"，按软件提示，输入圆心坐标（−70，−60），按回车键输入半径 8，再按回车键完成半径为"8"圆的绘制。

注意：在输入坐标（–70，–60）时，　坐标数值之间要用英文逗号隔开，不能用中文逗号。

在常用选项卡中，单击"几何变换"栏中"矩形阵列"按钮，在立即菜单中选取"矩形"，输入行数2，行距120，列数2，列距140四个值。拾取需阵列的 R8mm 圆，按右键确认，阵列完成。结果如图1-4所示。

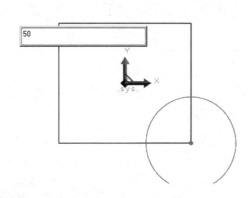

图1-3　绘制 R50mm 圆

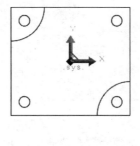

图1-4　绘制 R8mm 圆

⑤ 在曲线选项卡中，单击曲线工具栏中的"整圆"按钮，选择"圆心_半径"，按软件提示，输入圆心坐标（–20，–20），按回车键输入半径47，再按回车键完成半径为"47"圆的绘制。同理，输入圆心坐标（30，30），按回车键输入半径27，再按回车键完成半径为"27"圆的绘制 。如图1-5所示。

⑥ 在曲线选项卡中，单击曲线编辑栏中的"过渡"按钮，在立即菜单中选择"圆弧过渡"，输入过渡半径13，选择不裁剪曲线1和曲线2。拾取第一条曲线、第二条曲线，圆弧过渡完成。单击曲线编辑栏中的"曲线裁剪"按钮，剪掉多余线条，结果如图1-6所示。

三、加工程序编制准备

在编制零件加工程序前应该先建立毛坯、建立工件坐标系和建立刀具。

1.建立毛坯

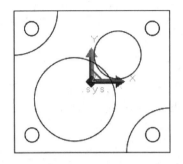

图1-5　绘制 *R*47mm圆和 *R*27mm圆

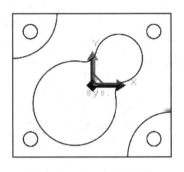

图1-6　*R*13mm圆弧过渡

① 选择屏幕左侧特征树的"加工管理"页框，双击特征树中的"毛坯"，弹出毛坯定义对话框。如图1-7所示。

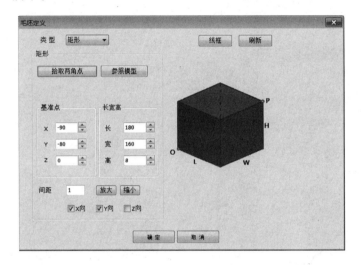

图1-7　毛坯定义对话框

② 选取"拾取两角点"单选框，拾取左下角矩形角点 *A*，然后输入右上角矩形角点 *B* 的坐标（90，80，8），回车返回毛坯定义对话框，单击"确定"按钮，毛坯定义完成，完成毛坯的建立。建立毛坯为蓝色矩形线框显示，如图1-8所示的矩形毛坯模型。

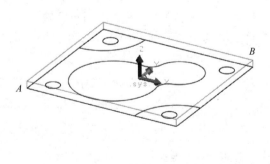

图1-8　矩形毛坯模型

2. 建立加工坐标系

为了加工和对刀的方便，在零件的上表面的中心建立加工坐标系（mcs）。在工具选项卡上，单击"创建坐标系"图标 ；在立即菜单中选择"单点"；按回车键在弹出的弹入输入条中输入坐标值（0，0，8）；按回车键，输入新坐标系名称"mcs"，按回车键确定，如图1-9所示。

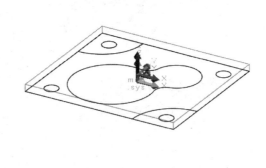

图1-9　建立加工坐标系

3. 建立刀具

在"轨迹管理"窗口，双击"刀具库"，弹出"刀具库"对话框，并显示当前刀具库中已存在的刀具，如图1-10所示。在该对话框中双击立铣刀02号，弹出"刀具定义"对话框，如图1-11所示，修改刀具直径为12，单击"确定"按钮退出。用这种方法完成添加本次加工所需刀具。

类型	名称	刀号	直径	刀长	锥角	全长	刀杆类型	刀杆直径	半径...	长度...
激光刀	Lasers_0	0	5.000	50.000	0.000	80.000	圆柱	—	0	0
立铣刀	EdML2	2	12.000	50.000	0.000	80.000	圆柱	12.000	2	2
立铣刀	EdML_0	1	16.000	50.000	0.000	100.000	圆柱+圆锥	16.000	1	1
圆角铣刀	BulML_0	2	10.000	50.000	0.000	80.000	圆柱	10.000	2	2
圆角铣刀	BulML_0	3	10.000	50.000	0.000	100.000	圆柱+圆锥	10.000	3	3
球头铣刀	SphML_0	4	6.000	50.000	0.000	80.000	圆柱	6.000	4	4
球头铣刀	SphML_0	5	10.000	50.000	0.000	100.000	圆柱+圆锥	10.000	5	5
燕尾铣刀	DvML_0	6	20.000	6.000	45.000	80.000	圆柱	20.000	6	6
燕尾铣刀	DvML_0	7	20.000	6.000	45.000	100.000	圆柱+圆锥	10.000	7	7
球形铣刀	LoML_0	8	12.000	12.000	0.000	80.000	圆柱	12.000	8	8
球形铣刀	LoML_1	9	10.000	10.000	0.000	100.000	圆柱+圆锥	10.000	9	9
倒角铣刀	ChmML_0	10	2.000	20.000	45.000	25.000	圆柱	2.000	0	0
雕刻刀	GrvML_0	11	0.130	10.000	10.000	50.000	圆柱	—	11	11

图1-10　刀具库

四、编写零件加工程序

根据平面型腔类零件的特点，选用"平面区域粗加工""平面轮廓精加工"和"孔加工"的方法进行加工。

1. 粗铣内型腔

① 在加工选项卡中，单击二轴加工工具栏中的"平面区域粗加工"按钮 ，弹出"平

面区域粗加工（编辑）"对话框，如图1-12所示。此加工功能是生成具有多个岛的平面区域的刀具轨迹，适合2/2.5轴粗加工。设置相关加工参数，环切加工，选择从里向外方式。顶层高度0，底层高度-8，行距为8。

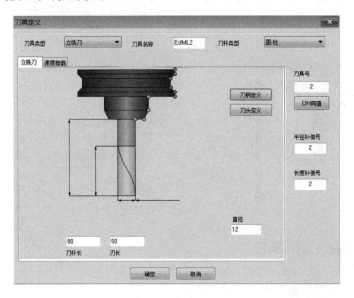

图1-11 刀具定义

图1-12 平面区域粗加工（编辑）对话框

② 加工参数设置完成后，单击"确定"按钮退出"平面区域粗加工（编辑）"对话框，系统进行刀路运算，加工轨迹如图1-13所示。

③ 在加工选项卡中，单击仿真工具栏中的"实体仿真"按钮⚫，单击"内型腔粗加工轨迹"，单击右键拾取结束，在弹出的窗口中，单击"运行"按钮开始轨迹仿真加工，结果如图1-14所示。单击"内型腔粗加工轨迹"后单击右键，在弹出的立即菜单上单击"隐藏"，内型腔粗加工轨迹就被隐藏了。

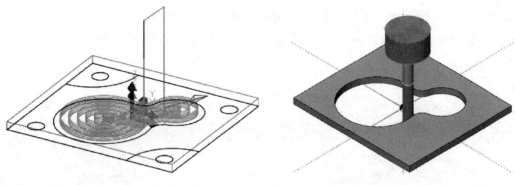

| 图1-13　内型腔粗加工轨迹 | 图1-14　内型腔粗加工轨迹仿真 |

> **技巧**：我们在绘图时有可能会碰到线太多影响观察，而这些线又不能删掉的情况。此时可以采用隐藏元素的方法，在编辑菜单中选择"隐藏"命令，然后依次选中需要隐藏的元素，拾取完毕点鼠标右键确定即可。若想恢复选择"可见"命令。

2.精铣内型腔侧壁

采用"平面轮廓精加工"功能加工内型腔侧壁，此加工功能属于二轴加工方式，由于它可以指定拔模斜度所以也可以做二轴半加工。主要用于加工封闭的和不封闭的轮廓。适合2/2.5轴精加工，支持具有一定拔模斜度的轮廓轨迹生成，可以为生成的每一层轨迹定义不同的余量。生成轨迹速度较快。

① 在加工选项卡中，单击二轴加工工具栏中的"平面轮廓精加工"按钮～，弹出"平面轮廓精加工（编辑）"对话框，如图1-15所示。设置顶层高度0，底层高度–8，每层下降高度1。

图1-15　平面轮廓精加工（编辑）对话框

② 加工参数设置完成后，单击"确定"按钮退出"平面轮廓精加工（编辑）"对话框，拾取加工轮廓线，单击右键结束，拾取进退刀点*A*，系统进行刀路运算，加工轨迹如图1-16所示。

> **注意**：为了使进退刀线和圆弧线相切，保证刀具沿内轮廓切入切出方式，我们将*R*27mm圆弧线延长，确定*A*点为下刀点和退刀点。

③ 在加工选项卡中，单击仿真工具栏中的"线框仿真"按钮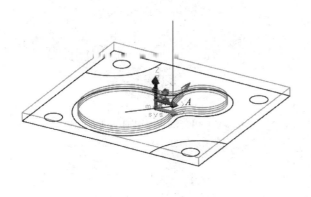，单击内型腔加工轨迹，单击右键拾取结束，在弹出的窗口中，单击"运行"按钮开始轨迹仿真加工，结果如图1-17所示。

图1-16 内型腔精加工轨迹   图1-17 内型腔精加工轨迹仿真

3.粗铣沉台平面

① 在加工选项卡中，单击二轴加工工具栏中的"平面区域粗加工"按钮，弹出"平面区域粗加工（编辑）"对话框，如图1-18所示。设置相关加工参数，环切加工，选择从外向里方式。顶层高度0，底层高度–2，行距为8。

图1-18 沉台平面区域粗加工（编辑）对话框

② 其他各项参数设置完成后，单击"确定"按钮，退出"平面区域粗加工（编辑）"对话框，系统进行刀路运算，加工轨迹如图1-19所示。

③ 在加工选项卡中，单击仿真工具栏中的"实体仿真"按钮，单击沉台平面粗加工轨迹，单击右键拾取结束，在弹出的窗口中，单击"运行"按钮开始轨迹仿真加工，结果如图1-20所示。

4.钻中心孔

在加工选项卡中，单击孔加工工具栏中的"G01钻孔"按钮，弹出"G01钻孔（创建）"对话框，如图1-21所示。使用G01来进行各种钻孔操作，适用于各种没有钻孔循环功能的机床。设置相关加工参数，用直径为3的钻头，钻孔深度4，下刀次数设为1。单击"确定"按钮退出"G01钻孔（创建）"对话框，生成加工轨迹，其他四个小孔加工方法一样，深度为4，如图1-22所示。钻中心孔加工轨迹线框仿真如图1-23所示。

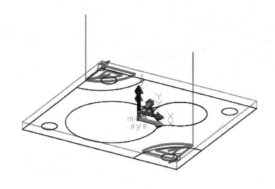

图1-19　沉台平面粗加工轨迹

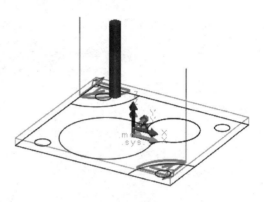

图1-20　沉台平面粗加工轨迹仿真

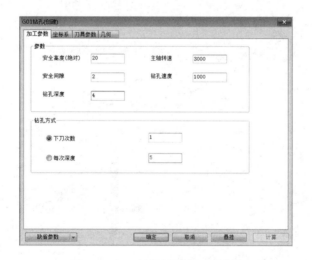

图1-21　G01钻孔（创建）对话框

图1-22　钻中心孔加工轨迹

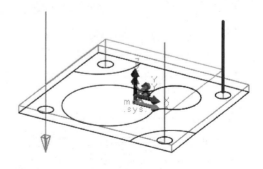

图1-23　钻中心孔加工轨迹仿真

5. 钻孔加工

在加工选项卡中，单击孔加工工具栏中的"孔加工"按钮 ，弹出"钻孔（创建）"对话框，如图1-24所示。设置相关加工参数，用直径为8的钻头，钻孔深度8，下刀次数设为1。单击"确定"按钮退出"钻孔（创建）"对话框，生成加工轨迹，其他四个小孔加工方法一样，深度为8，如图1-25所示。钻孔加工轨迹线框仿真如图1-26所示。

图1-24　钻孔（创建）对话框

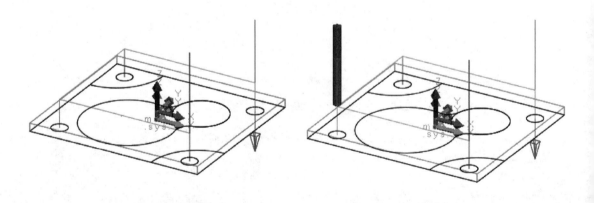

图1-25　钻孔加工轨迹　　　　　　　　　　　图1-26　钻孔加工轨迹仿真

6. 生成G代码

在加工选项卡中，单击后置处理工具栏中的"后置处理"按钮 **G**，弹出"生成后置代码"对话框，如图1-27所示。选择对应的数控系统，单击"确定"退出"生成后置代码"对话框，拾取内型腔粗加工轨迹，生成我们需要的内型腔粗加工G代码，如图1-28所示。其他加工轨迹G代码生成方法一样，就不一一叙述了。

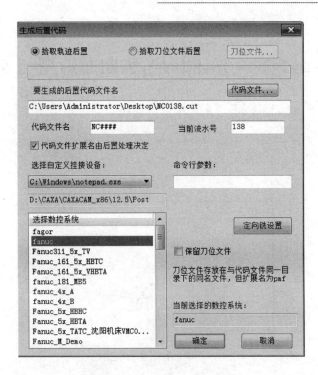

图1-27　生成后置代码对话框

图1-28　内型腔粗加工G代码

［实例1-2］　1/4圆形弯头曲面造型与加工

绘制如图1-29所示的1/4圆形弯头三维曲面模型，并选用适当的加工方法，生成1/4圆形弯头曲面加工程序。

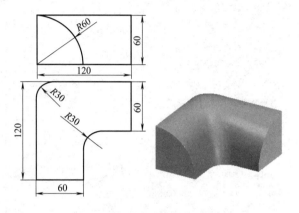

图1-29　圆形弯头曲面模型尺寸

一、曲面造型

从图1-29可以看出，该1/4圆弯头三维曲面模型为方形圆曲面，可用"曲线组合"和"平移"来完成俯视图。上部为曲面，可用"四边面"来完成，上下曲线要进行组合才能用。

双击桌面图标 ，进入CAXA制造工程师2016操作界面。移动光标至特征树栏左下角，选择"特征管理"，显示零件特征栏，进入造型界面。

① 在曲线选项卡中，单击曲线生成栏中的"矩形"按钮 ，在立即菜单中选择"中心_长_宽"方式，输入长度120和宽度120，按回车键。捕捉系统中心坐标点，按回车键确定，矩形生成。如图1-30所示。

图1-30　绘制矩形

② 在曲线选项卡中，单击曲线生成栏中的"直线"图标 ，在立即菜单中选择"两点线""连续"方式，绘制中心线。如图1-31所示。

③ 在曲线选项卡中，单击曲线编辑栏中的"曲线裁剪"按钮 ✖，在立即菜单中选择"修剪"，单击设置相关修剪参数。单击左键修剪不需要的线，结果如图1-32所示，单击右键确认修剪结束。

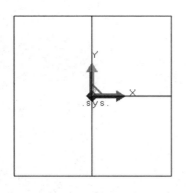

图1-31　绘制中心线

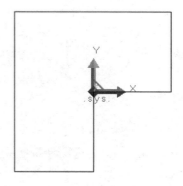

图1-32　直角图

④ 在曲线选项卡中，单击曲线编辑栏中的"圆弧过渡"按钮 ⌐，在左边的命令行输入半径30，分别拾取两条相邻曲线，右击结束，结果如图1-33所示。

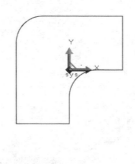

图1-33　圆弧过渡

⑤ 在曲线选项卡中，单击曲线编辑栏中的"曲线组合"图标 ⌐，按空格键，弹出拾取快捷菜单，选择单个拾取方式，按状态栏中提示拾取圆弧边的三条线，按右键确认，曲线组合完成。左边曲线组合如图1-34所示。右边曲线组合如图1-35所示。

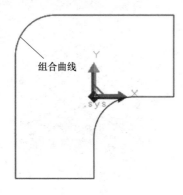

图1-34　左边曲线组合

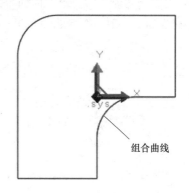

图1-35　右边曲线组合

⑥ 在常用选项卡中，单击几何变换栏中 "平移" 图标，在左边的命令行选择拷贝，输入 "DX" 0，"DY" 0，"DZ" 60，拾取正后边的组合线，右击结束，如图 1-36 所示。

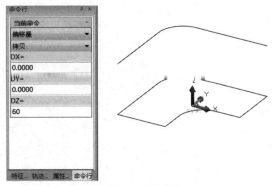

图 1-36 平移曲线

⑦ 在曲线选项卡中，单击曲线生成栏中 "直线" 图标，捕捉连接上下各对应点，结果如图 1-37 所示。

⑧ 按 F9 键，切换 *XOZ* 平面为作图平面，单击曲线生成栏中 "圆弧" 图标，选取 "圆心_起点_圆心角"，拾取圆心点 1（左角点），拾取起点 2，拾取直线端点 3，作 1/4 圆弧，如图 1-38 所示。

图 1-37 绘制直线

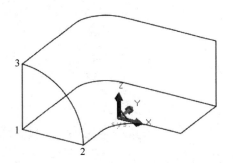

图 1-38 绘制左边圆弧

⑨ 按 F9 键，切换 *YOZ* 平面为作图平面，单击曲线生成栏中 "圆弧" 图标，拾取圆心点 1（右角点），拾取起点 2，拾取直线左端点 3，作 1/4 圆弧，如图 1-39 所示。

⑩ 在曲面选项卡中，单击曲面生成栏中 "边界面" 图标。选择四边面，依次拾取四边线，完成曲面造型操作，如图 1-40 所示。

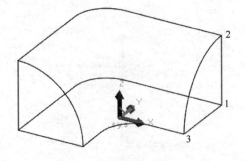

图 1-39 绘制右边圆弧

图 1-40 绘制四边面

⑪ 在曲面选项卡中，单击曲面生成栏中"直纹面"图标 ▱，选择点+曲线方式，拾取空间点1，拾取圆弧轮廓，右击结束，完成侧面曲面，结果如图1-41所示。隐藏后面曲线，完成曲面造型，如图1-42所示。

图1-41　绘制侧面曲面

图1-42　曲面造型

二、曲面加工及仿真

从图1-42可以看出，该半圆弯头三维曲面加工，可用"等高线粗加工"和"等高线精加工"来完成粗加工和半精加工，然后用"参数线精加工"来完成精加工。

1.建立毛坯

① 选择屏幕左侧特征树的"加工管理"页框，双击特征树中的"毛坯"，弹出毛坯定义对话框。如图1-43所示。

② 选取"拾取两角点"单选框，拾取左下角矩形角点1，然后拾取右上角角点2，单击"确定"按钮，毛坯定义完成，完成毛坯的建立。建立毛坯为蓝色矩形线框显示，如图1-44所示的矩形毛坯模型。

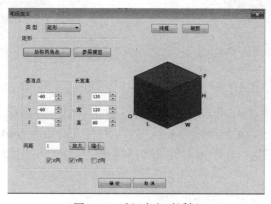

图1-43　毛坯定义对话框

2.利用等高线粗加工功能加工空间曲面

① 在加工选项卡中，单击三轴加工工具栏中的"等高线粗加工"按钮 ⬤。弹出"等高线粗加工（编辑）"对话框，如图1-45所示。此功能生成分层等高式粗加工轨迹。加工方式为往复加工；加工方向选择顺铣；优先策略选择层优先；Z向每加工层的切削深度（层高）为2；加工余量为0.5。

② 其余参数为系统默认。单击"确定"按钮，单击左键拾取加工对象为曲面模型，单

击右键，结束拾取加工对象。单击左键拾取大矩形的边界为加工边界，并单击左键指定加工边界的链搜索方向，继续单击右键，系统进行刀路轨迹运算，结果如图1-46所示。

图1-44　矩形毛坯模型

图1-45　等高线粗加工（编辑）对话框

③ 在加工选项卡中，单击仿真工具栏中的"实体仿真"按钮，单击左键拾取等高线粗加工轨迹，单击右键拾取结束，开始实体仿真，如图1-47所示。

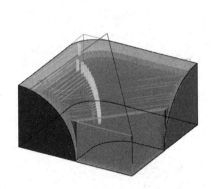

图1-46　等高线粗加工轨迹

图1-47　等高线粗加工轨迹仿真

④ 在加工选项卡中，单击后置处理工具栏中的"生成后置代码"按钮 **G**，弹出"生成后置代码"对话框，如图1-48所示。选择对应的数控系统，如fanuc，选择对应的打开生成后置文件的可执行文件等，最终生成等高线粗加工G代码。如图1-49所示。

⑤ 拾取粗加工刀具轨迹，单击右键选择"隐藏"命令，将粗加工轨迹隐藏掉，以便观察下面的其他加工轨迹。

3. 利用等高线半精加工功能加工空间曲面

① 在加工选项卡中，单击三轴加工工具栏中的"等高线精加工"按钮。弹出"等高线精加工（编辑）"对话框，如图1-50所示。此功能生成等高线加工轨迹。加工方向选择顺铣；优先策略选择层优先；加工顺序设定为从上向下。Z向每层加工深度（层高）为1；加工余量为0。

② 其余参数为系统默认。单击"确定"按钮，单击左键拾取加工曲面，单击右键，结束拾取加工对象。单击左键拾取曲面的边界为加工边界，并单击左键指定加工边界的链搜索方向，继续单击右键，系统进行刀路轨迹运算，结果如图1-51所示。

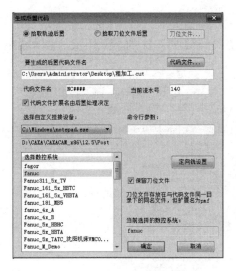

图1-48　生成后置代码对话框

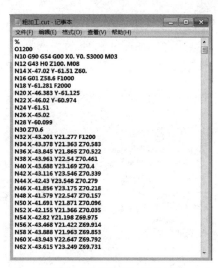

图1-49　等高线粗加工G代码

图1-50　等高线精加工（编辑）对话框

③ 在加工选项卡中，单击仿真工具栏中的"实体仿真"按钮●，单击左键拾取等高线精加工轨迹，单击右键拾取结束，开始实体仿真，如图1-52所示。

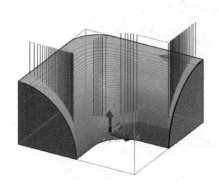

图1-51　等高线精加工轨迹

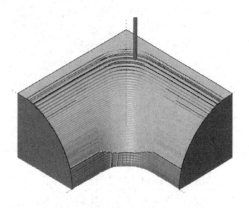

图1-52　等高线精加工轨迹仿真

④ 在加工选项卡中，单击后置处理工具栏中的"后置处理"按钮 **G**，弹出"生成后置代码"对话框，如图1-53所示。选择对应的数控系统，选择对应的打开生成后置文件的可执行文件等，最终生成等高线精加工G代码。如图1-54所示。

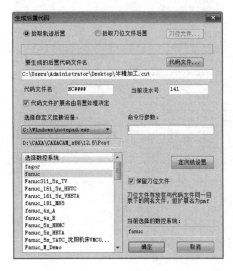

图1-53　生成后置代码对话框　　　　　　　图1-54　等高线精加工G代码

⑤ 拾取等高线精加工刀具轨迹，单击右键选择"隐藏"命令，将半精加工轨迹隐藏掉，以便观察下面的精加工轨迹。

4.利用参数线精加工功能加工空间曲面

① 在加工选项卡中，单击三轴加工工具栏中的"参数线精加工"按钮 。弹出"参数线精加工（编辑）"对话框，如图1-55所示。此功能生成沿参数线加工轨迹。设置沿直线垂直切入切出，长度为10，行距为3，走刀方式为往复，加工精度为0.01。

图1-55　参数线精加工（编辑）对话框

② 其余参数为系统默认。单击"确定"拾取曲面，按鼠标右键结束拾取。拾取曲面角点为进刀点；按鼠标左键切换加工方向，按鼠标右键结束。拾取要改变方向的曲面，按鼠标右键结束。系统进行刀路轨迹运算，结果如图1-56所示。

③ 在加工选项卡中，单击仿真工具栏中的"线框仿真"按钮⊗，单击左键拾取参数线精加工轨迹，单击右键拾取结束，开始线框仿真，如图1-57所示。

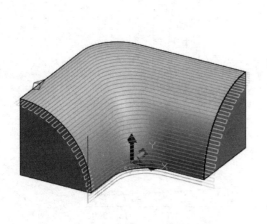

图1-56 参数线精加工轨迹   图1-57 参数线精加工轨迹仿真

④ 在加工选项卡中，单击后置处理工具栏中的"后置处理"按钮 **G**，弹出"生成后置代码"对话框，如图1-58所示。选择对应的数控系统，选择对应的打开生成后置文件的可执行文件等，最终生成参数线精加工G代码。如图1-59所示。

图1-58 生成后置代码对话框   图1-59 参数线精加工G代码

[实例1-3] 凸轮零件的实体造型与加工

按照图1-60所示的尺寸生成凸轮零件加工实体造型。并生成凸轮内孔、凸轮零件内孔区域加工程序、凸轮零件上曲面精加工程序。

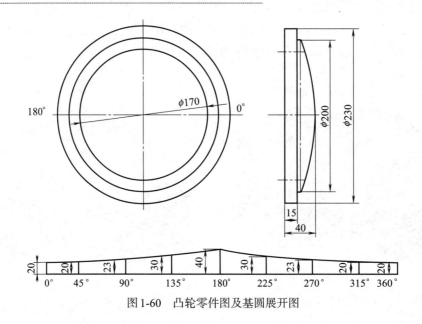

图1-60 凸轮零件图及基圆展开图

一、凸轮零件实体造型

① 在曲线选项卡中，单击曲线生成栏中的"圆"按钮 ⊕，在立即菜单中选择"圆心_半径"方式，做出 $R85$mm、$R100$mm、$R115$mm 的圆。如图1-61所示。

② 在"特征管理"里选择"平面 XY"为基准面，单击状态控制栏中的"草图绘制"按钮 ▱（或按F2键），进入草图绘制状态。单击曲线生成栏中的"投影曲线"按钮 ⨅，拾取 $R85$mm、$R115$mm 的圆线，完成草图绘制，如图1-62所示。

> **注意**：空间曲线可以通过曲线投影方式转换成草图曲线。草图是封闭的空间曲线。草图曲线也可转换成空间曲线。进入草图→选择编辑菜单中的拷贝命令→依次拾取需要转换的草图曲线→拾取完毕点鼠标右键确定。然后退出草图→选择编辑菜单中的粘贴命令，即可完成转换。

图1-61 绘制圆

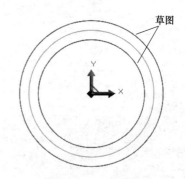

图1-62 绘制草图圆

③ 再次单击曲线选项卡中的"草图绘制"按钮 ▱，退出草图绘制。

④ 在特征选项卡中，单击特征生成栏的"拉伸增料"按钮 ▣，弹出"拉伸增料"对话

框，并填写拉伸增料的相关参数（如拉伸类型、拉伸深度等），填写结果如图1-63所示。在选择拉伸对象时，移动光标至所绘制草图0，单击左键拾取后，单击"确定"按钮，完成拉伸增料，如图1-64所示。

图1-63　拉伸增料对话框

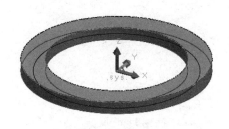

图1-64　圆柱体造型

⑤ 在曲线选项卡中，单击曲线生成栏中的"点"按钮 ⊹，在立即菜单中选择"批量点""等分点"方式，输入等分段数8，回车后，拾取$R85$mm、$R100$mm的圆线，完成圆周等分。如图1-65所示。

⑥ 按F9键，切换到YOZ平面。在曲线选项卡中，单击曲线生成栏中的"直线"图标 ✎，在立即菜单中选择"两点线""连续""正交""长度"方式，输入长度20，回车后，捕捉等分点，绘制长度为20mm的直线。同样方法，在其它等分点按照图1-60凸轮零件图及基圆展开图所给的尺寸绘制不同长度的直线，如图1-66所示。

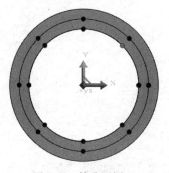

图1-65　等分圆周

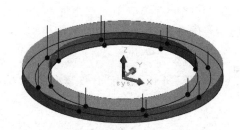

图1-66　绘制直线

⑦ 在曲线选项卡中，单击曲线生成栏中的"样条"图标 ∿，在立即菜单中选择缺省切矢、开曲线。依次拾取多个直线上面的端点，按右键确认，样条曲线生成。如图1-67所示。

⑧ 在曲面选项卡中，单击曲面生成栏中的"直纹面"图标 ▱，在立即菜单中选择直纹面生成"曲线+曲线"方式。然后拾取第一条样条曲线，拾取第二条样条曲线，拾取完毕立即生成直纹面。如图1-68所示。

> **注意：** 在拾取样条曲线时，要拾取样条线大致相同的位置。

⑨ 单击圆柱实体上平表面，单击状态控制栏中的"草图绘制"按钮 ✐（或按F2键），进入草图绘制状态。单击曲线生成栏中的"投影曲线"按钮 ▣，拾取$R85$mm、$R100$mm的圆线，完成草图绘制，单击曲线选项卡中的"草图绘制"按钮 ✐，退出草图绘制。

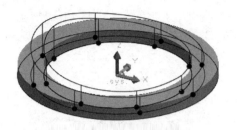

图1-67　绘制样条曲线

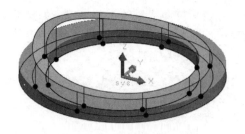

图1-68　绘制空间曲面

⑩ 在特征选项卡中，单击特征生成栏的"拉伸增料"按钮 ，弹出"拉伸增料"对话框，并填写拉伸增料的相关参数，拉伸深度25。在选择拉伸对象时，移动光标至所绘制草图1，单击左键拾取后，单击"确定"按钮，完成拉伸增料，如图1-69所示。

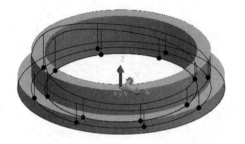

图1-69　拉伸实体

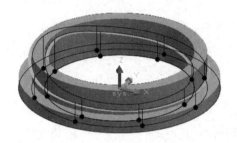

图1-70　延伸曲面

⑪ 在曲面选项卡中，单击曲面编辑生成栏中的"曲面延伸"图标 ，在立即菜单中选择"长度延伸"方式，输入长度值5。单击曲面两边，延伸完成。如图1-70所示。

⑫ 在特征选项卡中，单击除料生成栏中的"裁剪"图标 ，弹出"曲面裁剪除料"对话框，如图1-71所示。拾取曲面，确定除料方向选择，单击"确定"完成操作。如图1-72所示。

图1-71　曲面剪裁除料对话框

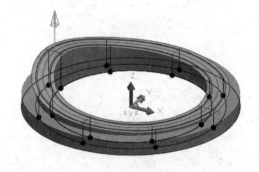

图1-72　曲面剪裁实体

二、凸轮零件加工与仿真

由零件图可知该工件加工部位为凸轮零件外平台加工、凸轮零件内孔区域加工和凸轮零件曲面粗精加工。各加工工步刀具直径见表1-1。

表1-1　刀具表

刀具类型	刀具规格	刀具号	刀具偏置号	作用
立铣刀	D10	01	01	加工内外平面
铣刀	D10	02	02	加工凸轮曲面

　　双击特征树中的"毛坯"，弹出毛坯定义对话框。类型选择圆柱形，然后单击参照模型。单击"确定"按钮，毛坯定义完成。

　　1.凸轮零件外平台加工

　　① 在加工选项卡中，单击二轴加工工具栏中的"平面区域粗加工"按钮▣，弹出"平面区域粗加工（编辑）"对话框，如图1-73所示。设置相关加工参数，环切加工，选择从外向里方式。顶层高度40，底层高度15，行距为1。

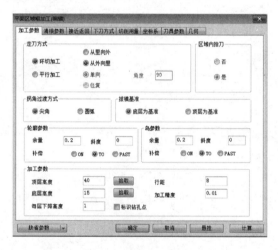

图1-73　平面区域粗加工（编辑）对话框

　　② 其他各项参数设置完成后，单击"确定"按钮退出"平面区域粗加工（编辑）"对话框，系统进行刀路运算，加工轨迹如图1-74所示。

　　③ 在加工选项卡中，单击仿真工具栏中的"线框仿真"按钮⊗，单击左键拾取平面区域粗加工轨迹，单击右键拾取结束，开始线框仿真，如图1-75所示。

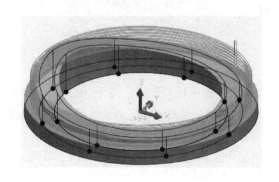

图1-74　凸轮零件外平台加工轨迹

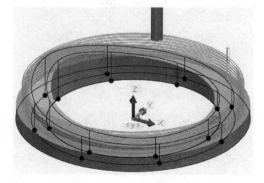

图1-75　外平台加工轨迹仿真

2. 凸轮零件内孔区域加工

① 在加工选项卡中，单击二轴加工工具栏中的"平面区域粗加工"按钮 ▣，弹出"平面区域粗加工（编辑）"对话框，如图1-76所示。设置相关加工参数，环切加工，选择从里向外方式。顶层高度40，底层高度0，行距为1。

图1-76 平面区域粗加工（编辑）对话框

② 其他各项参数设置完成后，单击"确定"按钮退出"平面区域粗加工（编辑）"对话框，系统进行刀路运算，加工轨迹如图1-77所示。

③ 在加工选项卡中，单击仿真工具栏中的"线框仿真"按钮 ⊗，单击左键拾取平面区域粗加工轨迹，单击右键拾取结束，开始线框仿真，如图1-78所示。

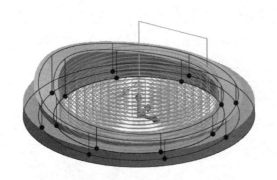

图1-77 凸轮零件内孔区域轨迹

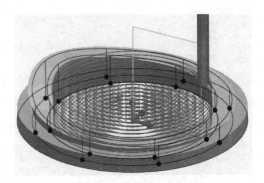

图1-78 内孔区域轨迹仿真

3. 凸轮零件曲面精加工

① 在加工选项卡中，单击二轴加工工具栏中的"曲面区域精加工"按钮 ◈，弹出"曲面区域精加工（编辑）"对话框，如图1-79所示。此加工功能是生成加工曲面上的封闭区域的刀具轨迹，适合3轴加工。设置相关加工参数，环切加工，选择从里向外方式。行距为4。

② 加工参数设置完成后，单击"确定"按钮退出"曲面区域精加工（编辑）"对话框，系统进行刀路运算，生成加工轨迹如图1-80所示。

③ 在加工选项卡中，单击仿真工具栏中的"线框仿真"按钮 ⊗，单击左键拾取曲面区

域精加工轨迹，单击右键拾取结束，开始线框仿真，如图1-81所示。

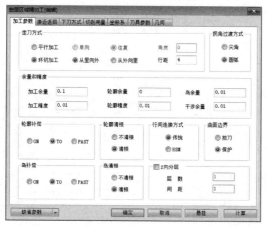

图1-79　曲面区域精加工（编辑）对话框

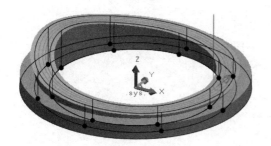

图1-80　凸轮零件曲面精加工轨迹

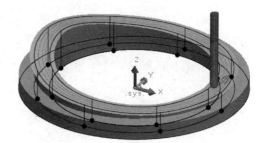

图1-81　曲面精加工轨迹仿真

④ 在加工选项卡中，单击后置处理工具栏中的"后置处理"按钮 **G**，弹出"生成后置代码"对话框，如图1-82所示。更改要生成的文件名，选择fanuc数控系统，单击"确定"后拾取加工轨迹，最终生成参数线精加工G代码。如图1-83所示。其他加工轨迹G代码生成方法一样，就不一一叙述了。

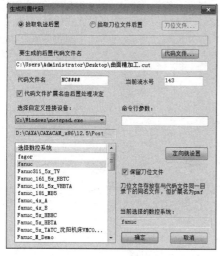

图1-82　生成后置代码对话框

图1-83　凸轮零件曲面精加工G代码

拓 展 练 习

1. 完成图1-84所示的模具零件二维造型及加工。

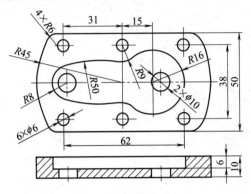

图1-84　模具零件尺寸

2. 完成图1-85所示的挂钩零件二维造型及加工。

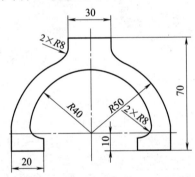

图1-85　挂钩零件尺寸

3. 按图1-86所示尺寸完成直径为 ϕ120mm、高度为15mm的立体五角星曲面造型。并采用适当的加工方法完成五角星曲面加工轨迹的生成。

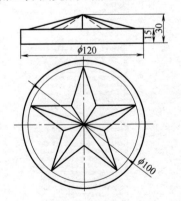

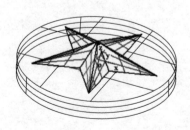

图1-86　五角星零件

4.按图 1-87 所示给定的尺寸，创建端盖实体造型，并采用平面区域加工方法生成加工程序。

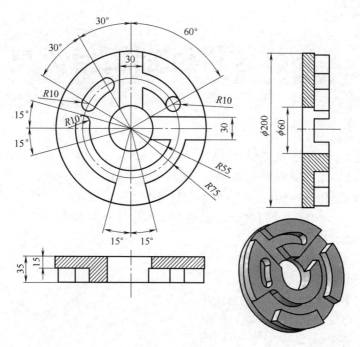

图1-87　端盖零件

5. 按图 1-88 所示给定的尺寸进行实体造型，花形凸模厚 15mm，底板厚 5mm，用直径为 1.5mm 的端面铣刀做花形凸模的外轮廓和花形凸模的花形槽加工轨迹，最后在指定位置生成 6 个 ϕ5mm 小孔的加工轨迹。

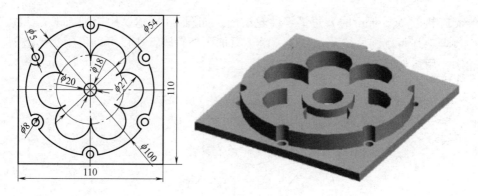

图1-88　花形凸模尺寸

第二章

图像零件的加工与仿真

随着数控技术的发展，激光加工、切割加工、雕刻加工、紫光加工、数码冲孔加工、电脑车加工、钣金加工、金属切割加工等技术被广泛应用到生产实践中，本章主要学习CAXA制造工程师2016软件中新增加的切割加工、雕刻加工、图像浮雕加工、影像浮雕加工和曲面投影图像浮雕加工功能。应用CAXA制造工程师2016来加工文字、浮雕等，能够简化其加工过程、提高生产效率。

◎ **技能目标**
· 掌握切割加工轨迹生成方法。
· 掌握雕刻加工轨迹生成方法。
· 掌握图像浮雕加工轨迹生成方法。
· 掌握影像浮雕加工轨迹生成方法。
· 掌握曲面投影图像浮雕加工轨迹生成方法。

［实例2-1］ 五角星切割加工与仿真

绘制外接圆 ϕ52.6mm的五角星零件轮廓图，如图2-1所示，用切割加工方法生成切割加工轨迹。毛坯可用圆柱体及长方体，由于只加工外轮廓，所以可以不用实体造型，只画出外轮廓，用切割加工方法生成切割加工轨迹及仿真。

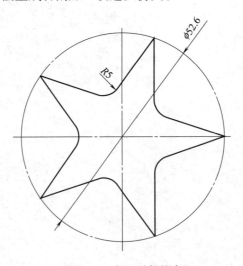

图2-1　五角星零件轮廓

一、绘制五角星外形轮廓图

① 在曲线选项卡下，单击曲线生成栏中的"多边形" 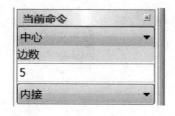 按钮，在特征树下方的立即菜单中选择"中心"定位，边数5，回车确认，如图2-2所示。按照系统提示点取中心点，输入坐标（26.3，0）。然后单击鼠标右键结束该五边形的绘制。结果如图2-3所示。

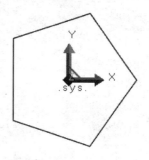

图2-2　多边形立即菜单　　　　　　　　　　图2-3　绘制五边形

② 在曲线选项卡下，使用"直线"按钮 ，在特征树下方的立即菜单中选择"两点线""连续""非正交"，如图2-4所示。将五角星的各个角点连接。如图2-5所示。

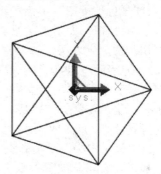

图2-4　直线立即菜单　　　　　　　　　　图2-5　绘制五角星

③ 在曲线选项卡中，单击曲线编辑栏中的"修剪"按钮 ✂，修剪无用线，在特征树下方的立即菜单中选择"快速裁剪""正常裁剪"方式，如图2-6所示。用鼠标点取剩余的线段就可以实现曲线裁剪。

④ 在常用选项卡中，单击常用栏中的"删除"按钮 ✐，用鼠标直接点取多余的线段，拾取的线段会变成红色，单击右键确认，完成五角星绘制，如图2-7所示。

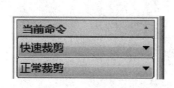

图2-6　修剪立即菜单　　　　　　　　　　图2-7　绘制五角星

⑤ 在曲线选项卡中，单击曲线编辑栏中的"曲线过渡"按钮，在圆弧过渡立即菜单中，填写圆弧过渡半径5，单击修剪模式等参数，如图2-8所示。

单击左键拾取，选择需圆弧过渡的相应边界，结果如图2-9所示。

图2-8　圆弧过渡立即菜单

图2-9　绘制五角星外形轮廓

二、五角星外形轮廓切割加工

① 在加工选项卡中，单击二轴加工工具栏中的"切割加工"按钮，弹出"切割加工（创建）"对话框，如图2-10所示。切割加工属于二轴加工方式，拾取文字或曲线，可对毛坯进行切割加工生成切割加工轨迹。在弹出的切割加工对话框中，选择切割外轮廓，顺时针方向，顶层高度设为0、底层高度设为–2、层间高度设为1。图2-11为刀具参数设置。

切割方式是指刀具切割沿着所选轮廓的位置，可以选择切割内轮廓、切割外轮廓、切割原轮廓。切割内轮廓是指切割时向着轮廓内部偏置一个刀具半径的距离，防止轮廓过切；切割外轮廓是指切割时向着轮廓外部偏置一个刀具半径的距离，防止轮廓过切；切割原轮廓是指切割时刀具中心沿着轮廓走刀，不偏置。

可以通过设置切割加工参数中的顶层高度、底层高度、层间高度来设置轨迹间距和轨迹所在位置。

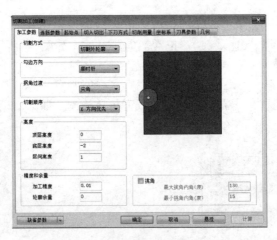

图2-10　切割加工（创建）对话框

② 参数设置完后按"确定"键，按顺时针方向拾取五角星外轮廓，单击右键生成如图2-12所示的五角星零件外轮廓切割轨迹。

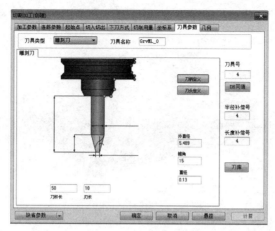

图2-11　刀具参数设置

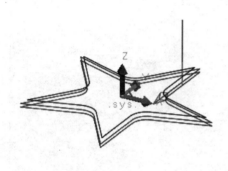

图2-12　五角星外轮廓切割轨迹

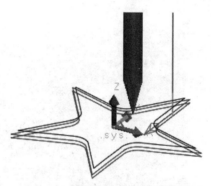

图2-13　五角星外轮廓切割轨迹仿真

③ 在加工选项卡中，单击仿真工具栏中的"线框仿真"按钮⊗，单击左键拾取加工轨迹线，单击右键拾取结束，开始线框仿真，如图2-13所示。

［实例2-2］ 文字雕刻加工与仿真

在100mm×80mm×20mm的长方体内型腔上表面雕刻加工"生命不息 奋斗不止"八个字，字高2mm，模型如图2-14所示。从图2-14可以看出，该模型为长方体内型腔模型，先利用特征模型生成方法，完成长方体造型，然后在内型腔上表面雕刻加工"生命不息 奋斗不止"八个字。通过该任务的练习，学习草图建立、拉伸造型的方法，掌握文字雕刻加工轨迹生成方法。

图2-14　文字雕刻模型

一、文字造型

① 利用特征模型生成方法，完成图2-15所示100mm×80mm×20mm的长方体，内型腔

为95mm×75mm×2mm的长方体，向下拉伸增料和减料，造型过程省略。

图2-15　绘制长方体模型

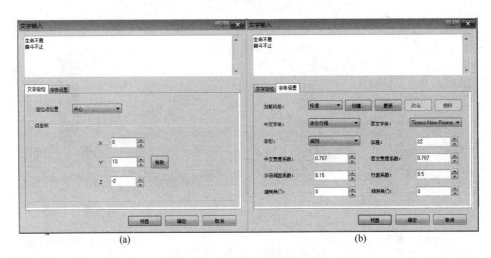

(a)　　　　　　　　　　　　　　(b)

图2-16　文字输入对话框

　　② 点取曲线选项卡的"文字输入"功能，弹出如图2-16所示的对话框。设置字体为华文行楷，高度设为22，选择中心定位，中心坐标设置为（0，10，–2），输入"生命不息 奋斗不止"八个字，点击"确定"，结果如图2-17所示。

图2-17　绘制长方体模型

二、文字雕刻加工

　　① 按F5键，在加工选项卡中，单击二轴加工工具栏中的"雕刻"按钮 **C**，弹出雕刻加工参数设置对话框，如图2-18所示，选阳刻，阳刻外接矩形距离为5，设置顶层高度0、

底层高度–2、层间高度1，加工参数设置完后按"确定"键退出对话框，此功能属于二轴加工方式，拾取文字或曲线可对毛坯进行雕刻加工，生成雕刻加工轨迹。选择文字轮廓，单击右键生成如图2-19所示文字雕刻加工轨迹。

图2-18　雕刻加工（编辑）对话框

图2-19　阳刻文字雕刻轨迹

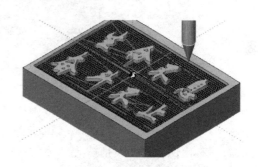

图2-20　阳刻文字雕刻轨迹仿真加工

② 在加工选项卡中，单击仿真工具栏中的"实体仿真"按钮●，单击文字雕刻加工轨迹，进入轨迹实体仿真窗口，文字雕刻轨迹仿真加工结果如图2-20所示。

③ 在加工选项卡中，单击二轴加工工具栏中的"雕刻"按钮 **C**，弹出雕刻加工参数设置对话框，如图2-18所示，选阴刻，设置顶层高度–2、底层高度–4、层间高度1，加工参数设置完后按"确定"键退出对话框，选择文字轮廓，单击右键生成如图2-21所示文字雕刻加工轨迹。阴刻文字雕刻轨迹仿真加工结果如图2-22所示。

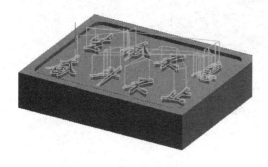

图2-21　阴刻文字雕刻轨迹

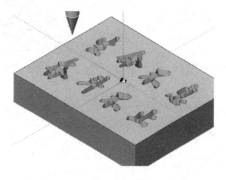

图2-22　阴刻文字雕刻轨迹仿真加工

［实例2-3］　聚宝盆图像浮雕加工

　　浮雕加工一般都需要用雕刻机，但是用CAXA制造工程师2016软件的平面图像浮雕加工功能，使用普通的数控机床就可以加工浮雕。试用浮雕加工功能雕刻如图2-23所示的聚宝盆平面图，厚度为2mm。

图2-23　聚宝盆平面图片

　　CAXA制造工程师2016软件中的图像浮雕加工是对平面图像进行加工的，并且只支持*.bmp格式的灰度图像，刀具的雕刻深度随灰度图片的明暗变化而变化。由于图像浮雕的加工效果基本由图像的灰度值决定，因此浮雕加工的关键在于原始图形的建立。如果要加工一张彩色的图片或者其他格式的图片，必须先对其格式进行转换。手绘图形可以扫描或拍照，然后用photoshop转换为*.bmp格式，对其灰度值进行调整后就可以进行浮雕数控加工。本任务生成深度2mm的聚宝盆浮雕加工轨迹。

一、导入模型

　　打开CAXA制造工程师2016软件，在常用选项卡中选择"导入模型"，打开准备好的浮雕平面图片，如图2-24所示。

图2-24　导入平面图片

二、图像浮雕加工

① 点击图片，在加工选项卡中，单击图像加工工具栏中的"图像浮雕加工"按钮，

在弹出的对话框中的图像文件选项卡中出现平面图片，如图 2-25 所示。然后对各个参数进行设置，顶层高度 3，深度 2，如图 2-26 所示。

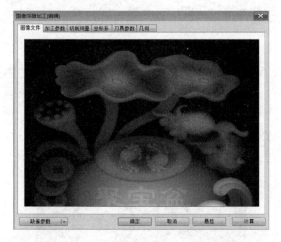

图 2-25 图像浮雕加工（编辑）对话框

图 2-26 图像浮雕加工参数设置

② 参数设置完后，单击"确定"退出对话框，生成聚宝盆平面图像浮雕加工轨迹，如图 2-27 所示。

图 2-27 聚宝盆平面图像浮雕加工轨迹

关于图像浮雕的说明：由于图像浮雕的加工效果基本由图像的灰度值决定，因此，浮雕加工的关键是原始图形的建立。用扫描仪输入的灰度图，其灰度值一般不够理想，需要用图像处理软件（photoshop等）对其灰度进行调整，这样才能得到比较好的加工效果。进行图像浮雕加工，需要操作者有一定的图像灰度处理能力。

［实例2-4］ 立体景观影像浮雕加工

影像浮雕加工是模仿针式打印机的打印方式，在材料上雕刻出图画、文字等。图像不需要进行特殊处理，只要有一张原始图像，就可生成影像雕刻路径。本任务是用影像浮雕功能雕刻如图2-28所示立体景观图，厚度为0.5mm。

图2-28 立体景观图

CAXA制造工程师2016软件中新增加浮雕模块，针对浮雕模块中的影像浮雕图片处理、刀具选择、参数设置、模拟加工等整套的加工工程进行研究。实践表明，应用CAXA制造工程师2016来加工浮雕，能够简化浮雕加工、提高生产效率。

一、导入模型

打开CAXA制造工程师2016软件，在常用选项卡中，选择"导入模型"，打开准备好的影像浮雕图片，如图2-29所示。

图2-29 导入影像浮雕图片

二、影像浮雕加工

①　点击图片，在加工选项卡中，单击图像加工工具栏中的"影像浮雕加工"按钮![按钮]，在弹出的对话框中的图像文件选项卡中出现平面图片。然后对各个参数进行设置，抬刀高度0.5，雕刻深度0.5，如图2-30所示。

雕刻模式包括5级灰度、10级灰度、17级灰度、抖动模式、拐线模式、水平线模式等雕刻模式。这几种雕刻模式的雕刻效果和雕刻效率有所不同，水平线模式的加工速度最快，17级灰度的加工效果最好，抖动模式兼顾了雕刻效果和雕刻效率。用户在进行实际雕刻时，可按照加工效果和加工效率的要求，选择不同的雕刻模式。

> **注意**：影像雕刻的图像尺寸应和刀具尺寸相匹配。简单地说，大图像应该用大刀雕刻，小图像应该用小刀雕刻。如果刀具尺寸与图像尺寸不匹配，可能不能生成理想的刀具路径。

图2-30　影像浮雕加工参数设置

②　参数设置完后，单击"确定"退出对话框，生成立体景观影像浮雕加工轨迹，如图2-31所示。

图2-31　立体景观影像浮雕加工轨迹

［实例2-5］　曲面投影图像浮雕加工与仿真

曲面投影图像浮雕加工是读入*.bmp格式灰度图像，生成图像浮雕加工刀具轨迹。刀具的雕刻深度随灰度图片的明暗变化而变化。本任务是用曲面投影图像浮雕加工功能雕刻如图2-32所示的双鱼浮雕，生成深度2mm的双鱼浮雕加工轨迹。

一、导入图像浮雕图片

① 打开CAXA制造工程师2016软件，选择常用选项卡→"导入模型"→打开准备好的双鱼图像浮雕图片，如图2-32所示。

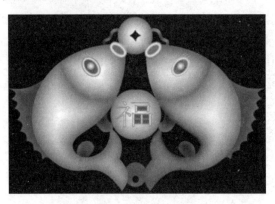

图2-32　双鱼图像浮雕图片

② 在曲线选项卡中，单击曲线生成栏中的"矩形"按钮▢。在矩形立即菜单中选择相应矩形的绘制方法，单击拖动鼠标左键绘制矩形，绘制的矩形要大于双鱼图像浮雕图片，如图2-33所示。

③ 在曲面选项卡中，单击曲面生成栏中的"直纹面"按钮▢。采用"曲线+曲线"方式生成投影曲面，如图2-34所示。

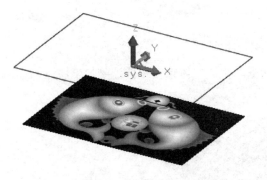

图2-33　创建矩形

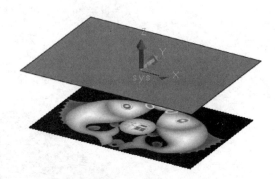

图2-34　创建投影曲面

二、双鱼浮雕加工

① 点击双鱼浮雕图片，在加工选项卡中，单击图像加工工具栏中的"曲面投影图像浮雕加工"按钮🖱，在弹出的对话框中，图像文件选项卡中出现双鱼图片，如图2-35所示。

② 曲面投影图像浮雕加工参数表中包括图像浮雕加工参数。图像浮雕加工参数选项卡包括顶层高度、深度、加工行距、加工精度、Y向尺寸、层数、平滑次数、最小步距、走刀方式、高度值、原点定位于图片等参数设置，这里设置，层数1、深度2，如图2-36所示。

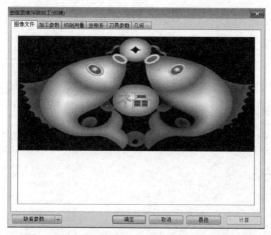

图2-35 曲面图像浮雕加工（创建）对话框

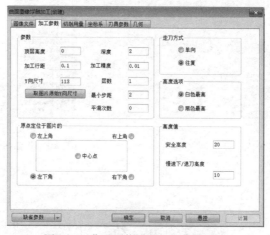

图2-36 曲面图像浮雕加工参数设置

③ 参数设置完后，单击"确定"退出对话框，拾取定位点在矩形角点，然后拾取曲面，单击右键结束。系统生成曲面投影图像浮雕加工轨迹，如图2-37所示。

④ 在加工选项卡中，单击仿真工具栏中的"实体仿真"按钮 ⬤ ，单击左键拾取加工轨迹线，单击右键拾取结束，开始实体仿真，结果如图2-38所示。

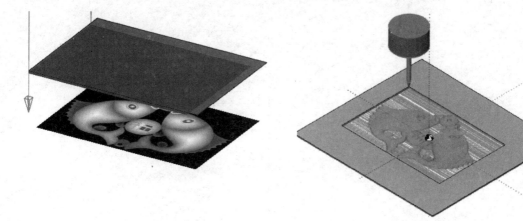

图2-37 曲面投影图像浮雕加工轨迹　　　　　图2-38 双鱼图像浮雕加工轨迹仿真

⑤ 在加工选项卡中，单击后置处理工具栏中的"后置处理"按钮 **G**，弹出"生成后置代码"对话框，如图2-39所示。更改要生成的文件名，选择fanuc数控系统，单击确定后拾取加工轨迹，系统自动生成双鱼图像浮雕加工程序。如图2-40所示。

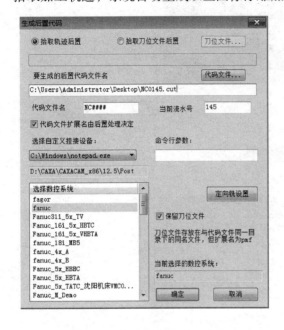

图2-39　生成后置代码对话框

图2-40　双鱼图像浮雕加工G代码

拓 展 练 习

1. 在90mm×60mm×40mm的长方体内型腔上表面雕刻加工"大国工匠"四个字，字高2mm。

2. 绘制如图2-41所示的垫片轮廓图，厚度2mm，利用切割加工功能生成加工轨迹。

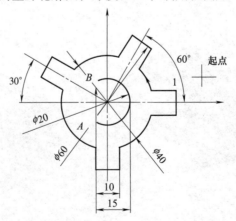

图2-41　垫片轮廓

3.试用浮雕加工功能雕刻如图2-42所示双龙平面图，厚度为2mm。

图2-42　双龙平面图

4.试用影像浮雕功能雕刻如图2-43所示挂件立体图，厚度为0.5mm。

图2-43　挂件立体图

第三章

吊钩锻模零件的设计与加工

曲面造型是使用各种数学曲面方式表达三维零件形状的造型方法。CAXA 制造工程师2016 提供了丰富的曲面造型手段，构造完决定曲面形状的关键线框后，就可以在线框基础上，选用各种曲面的生成和编辑方法，在线框上构造所需定义的曲面来描述零件的外表面。本章是通过吊钩锻模零件的设计，学习 CAXA 制造工程师2016 中直纹面、旋转面、导动面、平面、曲面裁剪、拼接、缝合等曲面造型和编辑功能；通过吊钩锻模零件的粗精加工，学习 CAXA 制造工程师2016 中平面区域粗加工、扫描线精加工、曲面区域精加工、三维偏置加工、轨迹仿真、后置处理、程序代码生成等加工功能。

◎**技能目标**

· 巩固直纹面、旋转面、导动面等曲面生成的方法。

· 巩固曲面的常用编辑命令及操作方法。

· 掌握平面区域粗加工及轨迹仿真方法。

· 掌握扫描线精加工及轨迹仿真方法。

· 掌握曲面区域精加工及轨迹仿真方法。

· 掌握三维偏置加工及轨迹仿真方法。

［实例3-1］ 吊钩锻模零件的设计

根据如图3-1 所示给定的尺寸，用曲面造型方法生成吊钩曲面模型，用实体造型方法生成吊钩锻模三维模型，选择合适的粗、精加工方法，生成正确的刀具轨迹，完成其自动编程及仿真加工。

从图3-1 可以看出，该模型为吊钩曲面模型，先画图3-1 所示的吊钩平面图，然后画图3-2 所示吊钩各截面图，再通过旋转命令将各截面图旋转成与水平面成90°，通过双截面双导动得到整体曲面造型，最后用曲面缝合命令将各曲面连成一体。本任务所选练习图形比较难，要综合运用曲面造型与曲面编辑知识才能完成。

双击桌面图标 ![icon]，进入 CAXA 制造工程师2016 操作界面。移动光标至特征树栏左下角，选择"特征管理"，显示零件特征栏，进入造型界面。

① 在曲线选项卡中，单击曲线生成栏中的"直线"图标 ![icon]，在立即菜单中选择"两点线""连续"方式，绘制中心线。单击曲线生成栏中的"等距"图标 ![icon]，在立即菜单中选择"单根曲线"，做出50mm、40mm、10mm 的等距线。单击曲线生成栏中的"圆"图标 ![icon]，在立即菜单中选择"圆心_半径"方式，做出 R38mm、R18mm 的圆。如图3-3 所示。

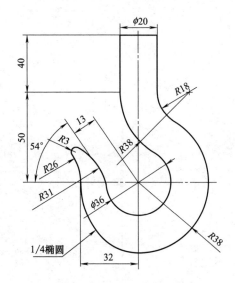

图3-1 吊钩曲面模型尺寸图

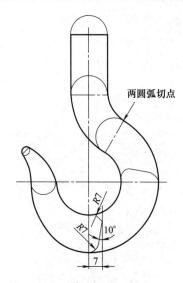

图3-2 吊钩轮廓线和截面线

> **技巧**：画圆有3种方式，但是一般基准圆（或圆心坐标与基准有尺寸联系的）采用"圆心+半径"方法，其圆心坐标可以采用直接输入坐标，较为方便。第二种应用较为广泛的是"两点+半径"，两点是指圆上任意的两个点，可以是端点也可以是切点（点的类型可以通过空格键来设置），例如"端点+端点"可以画与之相交的圆弧，"端点+切点"可以画通过一点的大圆弧，"切点+切点"相当于"圆弧过渡"指令。

② 在曲线选项卡中，单击曲线生成栏中的"圆"图标 ⊙，在立即菜单中选择"两点_半径"方式，按空格键，在弹出"捕捉方式"菜单中选择切点，捕捉两个切点，输入切圆的半径，做出R38mm、R18mm的圆。如图3-4所示。

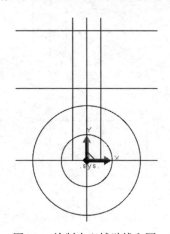

图3-3 绘制中心辅助线和圆

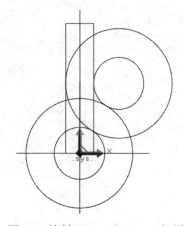

图3-4 绘制R38mm和R18mm切圆

③ 在曲线选项卡中，单击曲线生成栏中的"椭圆"图标 ◎，捕捉坐标中心，输入坐标（32，0）、（0，38），做出长半轴32mm、短半轴38mm的椭圆，如图3-5所示。单击曲线编辑栏中的"曲线裁剪"按钮 ✂，在修剪立即菜单中，单击设置相关修剪参数。单击左键修剪不需要的线，结果如图3-6所示，单击右键确认修剪结束。

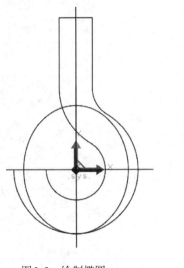

图3-5　绘制椭圆

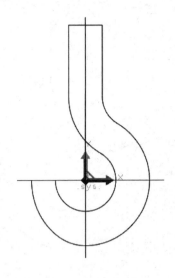

图3-6　修剪多余线

④ 在曲线选项卡中，单击曲线生成栏中的"直线"图标 ✎，在立即菜单中选择"角度线"，输入与X轴夹角126°，捕捉中心点，绘制角度线。单击曲线生成栏中的"等距"图标 ⬛，在立即菜单中选择"单根曲线"，做出13mm的等距线。单击曲线生成栏中的"圆"图标 ⊙，在立即菜单中选择"两点_半径"方式，按空格键，在弹出"捕捉方式"菜单中选择切点，捕捉两个切点，输入切圆的半径，做出R31mm的切圆。如图3-7所示。

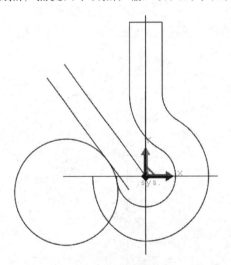

图3-7　绘制R31mm切圆

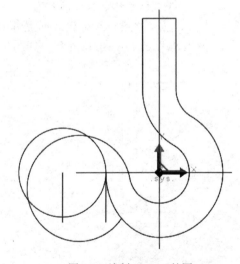

图3-8　绘制R26mm的圆

⑤ 在曲线选项卡中，单击曲线生成栏中的"圆"图标 ⊙，在立即菜单中选择"圆心-半径"方式，输入圆心坐标（-58，0），输入半径26mm，做出R26mm的圆。如图3-8所示。

⑥ 在曲线选项卡中，单击曲线生成栏中的"圆"图标 ⊙，在立即菜单中选择"两点-半径"方式，按空格键，在弹出"捕捉方式"菜单中选择切点，捕捉两个切点，输入切圆的半径，做出R3mm的切圆。单击曲线编辑栏中的"曲线裁剪"按钮 ✂，单击左键修剪不需要的线，结果如

图3-9所示。经过修剪删除后完成吊钩平面图，如图3-10所示。

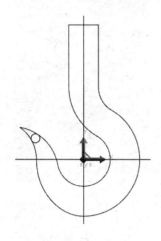

图3-9　绘制 R3mm 切圆

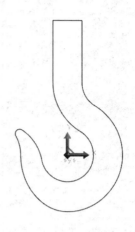

图3-10　吊钩平面图

⑦ 在曲线选项卡中，单击曲线生成栏中的"矩形"图标 ▭，在立即菜单中选择"中心 _ 长 _ 宽"方式，输入长度100，输入宽度150，回车后输入矩中心坐标（0，25），做出矩形。在曲面选项卡中，单击曲面生成栏中的"平面"图标 ▱，拾取平面外轮廓线，并确定链搜索方向，选择箭头方向，然后拾取内轮廓线，并确定链搜索方向。拾取完毕，单击鼠标右键，完成操作。如图3-11所示。

图3-11　绘制剪裁平面

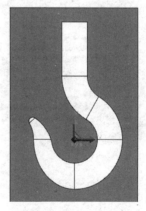

图3-12　绘制截面位置线

⑧ 在曲线选项卡中，单击曲线生成栏中的"直线"图标 ╱，在立即菜单中选择"两点线""连续"方式，绘制各部位的截面位置线。如图3-12所示。

⑨ 在曲线选项卡中，单击曲线生成栏中的"圆"图标 ◉，在立即菜单中选择"两点_半径"方式，绘制各截面位置圆，经过修剪后如图3-13所示。

⑩ 在曲线选项卡中，单击曲线编辑栏中的"曲线组合"图标 ⤵，按空格键，弹出拾取快捷菜单，选择单个拾取方式，按状态栏中提示拾取图3-14中5-6段截面曲线，按右键确认，曲线组合完成。在常用选项卡中单击"平面旋转" 🔧 按钮，选择拷贝方式，以原点为旋转中心，旋转90°，拾取5-6段截面曲线，在右侧方向生成另一中段截面线7-8，如图3-14所示。

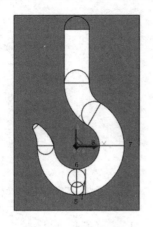

图3-13　绘制截面线

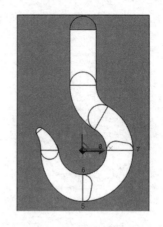

图3-14　旋转截面线

⑪ 按F8键进入轴测图状态，需要对如图3-14所示的7处截面线进行绕轴线旋转，使它们都能垂直于XY平面。在常用选项卡几何变换栏中，单击"旋转" 按钮，钩头的圆弧1-2用拷贝方式旋转90°，另6段采用移动方式旋转90°，系统会提示拾取旋转轴的两个端点。提示旋转轴的指向（始点向终点）和旋转方向符合右手法则，7段曲线旋转后的结果如图3-15所示。

⑫ 对底面轮廓线进行曲线组合和生成断点。将如图3-15所示的1、3点之间的曲线组合成一条曲线，将2、4点间的曲线组合成一条曲线。然后在曲线选项卡曲线编辑栏中，单击"曲线打断"按钮，分别拾取要打断的曲线5-9和曲线6-10，拾取点5、7和6、8断点。

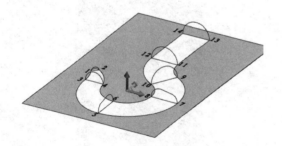

图3-15　旋转截面线

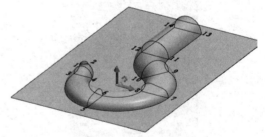

图3-16　生成导动面

⑬ 在曲面选项卡曲面生成栏中，单击"导动面"图标，分别以截面线1-2和3-4、3-4和5-6、5-6和7-8、7-8和9-10、9-10和11-12、11-12和13-14为双截面线，以轮廓线1-3和2-4、3-5和4-6、5-7和6-8、7-9和8-10、9-11和10-12、11-13和12-14为双导动线，采用变高选项，生成两个双导动曲面。应用导动面命令，以轮廓线6-8、5-7为双导动线，以截面线5-6、7-8为双截面线，采用等高选项，生成等高双导动曲面。用旋转面命令，过1、2点绘制一条直线作为旋转轴，旋转90°，即可生成吊钩头部的球面。如图3-16所示。

⑭ 曲面缝合。从图3-16中可以看出，吊钩模型是由7张曲面组成的，其中1张曲面是旋转球面，6张为导动曲面，为了提高型面加工的表面质量，建议最好对6张曲面进行缝合操作，生成一整张曲面，这将便于后面的加工编程运算和处理。

在曲面选项卡曲面编辑栏中，单击"曲面缝合"按钮，选择平均切矢方式，分别拾取相邻的两个曲面，最后可以生成一整张曲面，如图3-17所示。

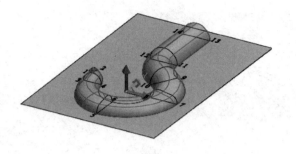

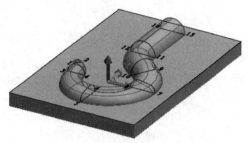

<table>
<tr><td>图3-17　曲面缝合</td><td>图3-18　吊钩曲面模型</td></tr>
</table>

⑮ 在"特征管理"里选择"平面XY"为基准面，在曲面选项卡中，单击"草图绘制"按钮 （或按F2键），进入草图绘制状态。在曲线选项卡中，单击曲线生成栏中的"投影曲线"按钮为。拾取长100，宽150的曲线，完成矩形草图绘制。

在特征选项卡增料栏中，单击特征生成栏的"拉伸增料"按钮，弹出"拉伸增料"对话框，并填写拉伸深度10，方向向下。在选择拉伸对象时，移动光标至所绘制草图0，单击左键拾取后，单击"确定"按钮，完成拉伸增料，如图3-18所示。

［实例3-2］　吊钩锻模零件的加工与仿真

根据吊钩锻模造型的特点，可选用三轴联动的数控铣床加工，可选用机用平口钳装夹。在加工吊钩锻模造型时，只需一次装夹即可，且保证吊钩锻模造型的Z轴向上，目的是与机床的Z轴方向一致，保证生成G代码可用性。吊钩的"主体"曲面与"托板"上表面交界处为非圆弧过渡，因此，需要进行清根加工。

双击桌面图标，进入CAXA制造工程师2016操作界面。移动光标至特征树栏左下角，选择"轨迹管理"，显示零件轨迹管理栏，进入加工轨迹生成界面。

一、吊钩底面平面区域粗加工

① 定义毛坯。在轨迹管理导航栏中，选择"毛坯"栏双击左键，弹出"毛坯定义"对话框，如图3-19所示。单击"参照模型"按钮，系统依据模型自动获取毛坯的基准点、长、宽和高的数据，单击"确定"按钮完成毛坯定义。

② 在加工选项卡中，单击二轴加工工具栏中的"平面区域粗加工"按钮，弹出"平面区域粗加工（编辑）"对话框。此加工功能是生成具有多个岛的平面区域的刀具轨迹，适合2/2.5轴粗加工。

设置加工参数，走刀方式选择环切加工，轮廓补偿选择ON，让设置刀心线与轮廓重合。补偿是左偏还是右偏取决于加工的是内轮廓还是外轮廓。加工参数主要设置顶层高度15、底层高度0，每层下降高度2，以工件坐标系为参考来控制加工范围，可以利用该功能完成分层的平面加工。如图3-20所示。

③ 单击"刀具参数"标签：设置刀具参数，选择直径为10的立铣刀。

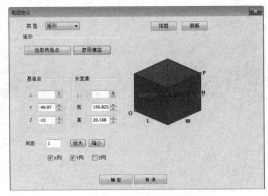

图3-19 毛坯定义对话框

图3-20 平面区域粗加工（编辑）对话框

④ 其他各项参数设置完成后，单击"确定"按钮退出"平面区域粗加工（编辑）"对话框，系统进行刀路运算，加工轨迹如图3-21所示。按F5键平面显示如图3-22所示。

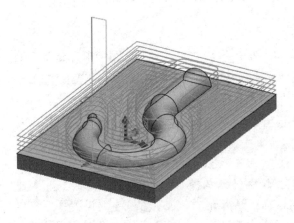

图3-21 吊钩底面轮廓粗加工轨迹

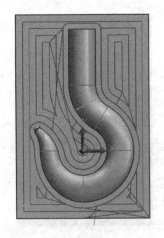

图3-22 平面显示粗加工轨迹

⑤ 在加工选项卡中，单击仿真工具栏中的"实体仿真"按钮●，单击左键拾取加工轨迹线，单击右键拾取结束，在弹出的窗口中，单击"运行"按钮开始轨迹仿真加工，结果如图3-23所示。

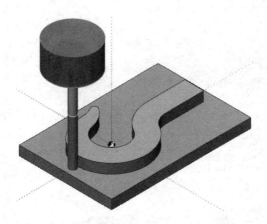

图3-23　吊钩底面轮廓粗加工轨迹仿真

⑥ 在加工选项卡中，单击后置处理工具栏中的"后置处理"按钮 **G**，弹出"生成后置代码"对话框，如图3-24所示。此功能生成 G 代码就是按照当前机床类型的配置要求，把已经生成的刀具轨迹转化生成 G 代码数据文件，即 CNC 数控程序，后置生成的数控程序是三维造型的最终结果，有了数控程序就可以直接输入机床进行数控加工。

一般代码文件可以自动生成，也可以点击"代码文件"按钮，制定存储位置。选择对应的数控系统，选择对应的打开生成后置文件的可执行文件等，最终生成我们需要的 G 代码。如图3-25所示。

图3-24　生成后置代码对话框

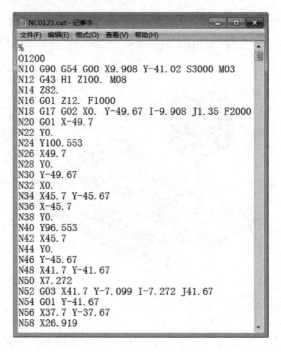

图3-25　生成G代码

二、吊钩主体曲面半精加工

① 在加工选项卡中，单击三轴加工工具栏中的"扫描线精加工"按钮 ，弹出"扫描线精加工（编辑）"对话框，此加工功能是生成沿参数线加工轨迹。设置加工参数：加工方式选择往复加工，最大行距1，选择自适应，加工余量0.4，如图3-26所示。

图3-26　扫描线精加工（编辑）对话框

② 单击"区域参数"标签：设置区域参数，选择使用加工边界，刀具中心位于加工边界外侧，如图3-27所示。

③ 单击"刀具参数"标签：设置刀具参数，选择直径为3的球头铣刀。

④ 加工参数设置完成后，单击"确定"按钮退出"扫描线精加工（编辑）"对话框，系统进行刀路运算，加工轨迹如图3-28所示。

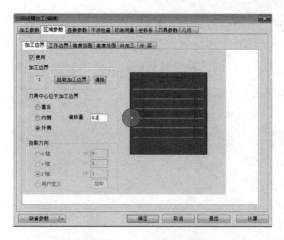

图 3-27　区域参数设置

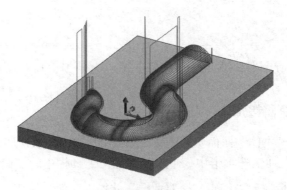

图 3-28　扫描线精加工轨迹

⑤ 在加工选项卡中，单击仿真工具栏中的"实体仿真"按钮 ●，单击左键拾取加工平面区域粗加工轨迹和扫描线精加工轨迹，单击右键拾取结束，开始实体仿真，如图 3-29 所示。

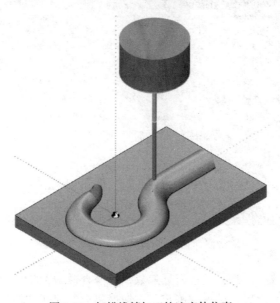

图 3-29　扫描线精加工轨迹实体仿真

⑥ 在加工选项卡中，单击后置处理工具栏中的"后置处理"按钮**G**，弹出"生成后置代码"对话框，如图3-30所示。选择对应的数控系统，选择对应的打开生成后置文件的可执行文件等，最终生成扫描线精加工轨迹G代码。如图3-31所示。

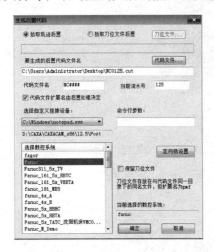

图3-30　生成后置代码对话框　　　　　图3-31　生成扫描线精加工G代码

三、吊钩主体曲面精加工

① 为了使吊钩的"主体"曲面质量更高，再利用"曲面区域精加工"，对吊钩的"主体曲面"进行精加工。在加工选项卡中，单击三轴加工工具栏中的"曲面区域精加工"按钮，弹出"曲面区域精加工（编辑）"对话框，此加工功能是生成加工曲面上的封闭区域的刀具轨迹。设置加工参数：环切加工，选择从外向里，行距0.5，加工余量0.1，轮廓补偿选择TO，刀心线未到轮廓一个刀具半径。如图3-32所示。

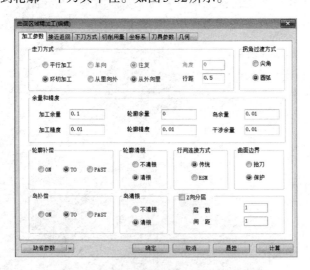

图3-32　曲面区域精加工（编辑）对话框

② 单击"刀具参数"标签：设置刀具参数，选择直径为3的球头铣刀。

③ 加工参数设置完成后，单击"确定"按钮退出"曲面区域精加工（编辑）"对话框，

填写完参数表格后，拾取确认键，提示用户选择被加工曲面，鼠标右键结束曲面拾取。拾取完曲面后系统提示：拾取轮廓。拾取到一条轮廓线后，要求用户选择拾取方向。按照箭头方向的指示选取轮廓线，在拾取轮廓线的过程中，系统自动判断轮廓线的封闭性。轮廓完全封闭后，系统接着提示：拾取第1个岛屿。若无岛屿，鼠标右键结束岛屿的拾取。系统进行刀路运算，曲面区域精加工轨迹如图3-33所示。

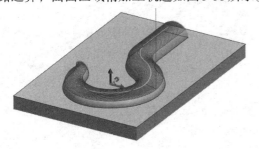

图3-33　曲面区域精加工轨迹

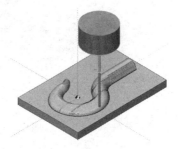

图3-34　曲面区域精加工轨迹实体仿真

④　在加工选项卡中，单击仿真工具栏中的"实体仿真"按钮 ●，单击左键拾取加工平面区域粗加工轨迹、扫描线精加工轨迹和曲面区域精加工轨迹，单击右键拾取结束，开始实体仿真，如图3-34所示。

⑤　在加工选项卡中，单击后置处理工具栏中的"后置处理"按钮 **G**，弹出"生成后置代码"对话框，如图3-35所示。选择对应的数控系统，选择对应的打开生成后置文件的可执行文件等，最终生成曲面区域精加工G代码。如图3-36所示。

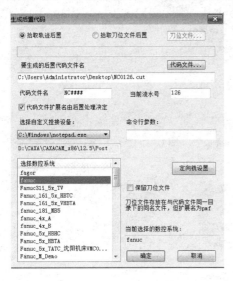

图3-35　生成后置代码对话框

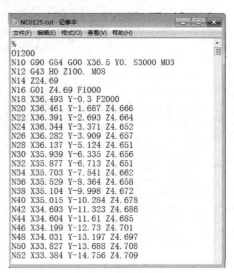

图3-36　生成曲面区域精加工G代码

四、吊钩曲面下部轮廓精加工

①　在加工选项卡中，单击三轴加工工具栏中的"三维偏置加工"按钮 🔩，弹出"三维偏置加工（编辑）"对话框，此加工功能是生成三维偏置加工轨迹。设置加工参数，如图3-37所示。

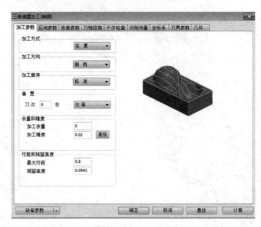

图3-37　三维偏置加工（编辑）对话框

② 单击"刀具参数"标签：设置刀具参数，选择直径为3的球铣刀。

③ 加工参数设置完成后，单击"确定"按钮退出"三维偏置加工（编辑）"对话框，系统进行刀路运算，加工轨迹如图3-38所示。

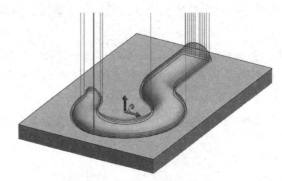

图3-38　三维偏置加工轨迹

④ 在加工选项卡中，单击仿真工具栏中的"实体仿真"按钮，单击左键拾取平面区域粗加工轨迹、扫描线精加工轨迹和三维偏置加工轨迹，单击右键拾取结束，开始实体仿真，如图3-39所示。

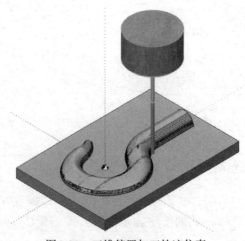

图3-39　三维偏置加工轨迹仿真

⑤ 在加工选项卡中，单击后置处理工具栏中的"后置处理"按钮 **G**，弹出"生成后置代码"对话框，如图3-40所示。选择对应的数控系统，选择对应的打开生成后置文件的可执行文件等，最终生成三维偏置加工G代码。如图3-41所示。

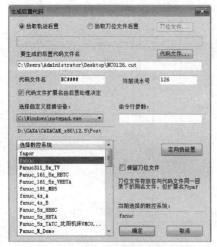

图3-40　生成后置代码对话框

图3-41　生成三维偏置加工G代码

拓 展 练 习

1.根据图3-42二维视图，绘制如图3-43所示可乐瓶底的曲面造型图，并选择合适的粗、精加工方法，生成正确的刀具轨迹，完成其自动编程及仿真加工。

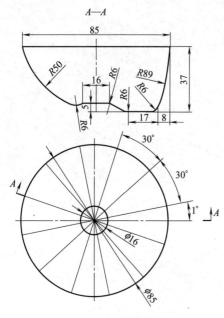

图3-42　可乐瓶底曲面造型尺寸

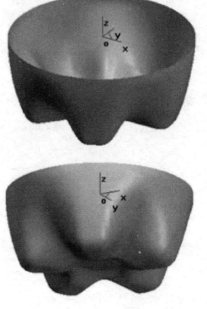

图3-43　可乐瓶底曲面造型

2.创建如图3-44所示的五角星曲面造型，并选择合适的粗、精加工方法，生成正确的刀具轨迹，完成其自动编程及仿真加工，其中大五角星高度为15mm。

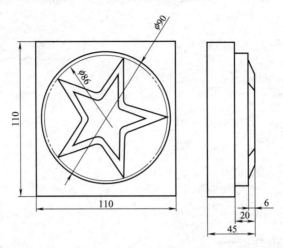

图3-44　五角星曲面造型

第四章

旋钮模具型芯的设计与加工

特征设计是CAXA制造工程师2016的重要组成部分。制造工程师采用精确的特征实体造型技术，它完全抛弃了传统的体素合并和交并差的烦琐方式，将设计信息用特征术语来描述，使整个设计过程直观、简单、准确。本章是通过旋钮模具型芯的设计，学习CAXA制造工程师中草图绘制、拉伸增料、拉伸除料、旋转除料、过渡等实体造型和编辑功能；通过旋钮模具零件的粗精加工，学习CAXA制造工程师中平面轮廓精加工、平面区域粗加工、等高线粗加工、等高线精加工、轨迹仿真、后置处理、程序代码生成等加工功能。

◎ **技能目标**
- 巩固创建曲线、草图的方法。
- 巩固创建实体增料和除料的方法。
- 掌握平面轮廓精加工及轨迹仿真方法。
- 掌握平面区域粗加工及轨迹仿真方法。
- 掌握等高线粗加工及轨迹仿真方法。
- 掌握等高线精加工及轨迹仿真方法。

［实例4-1］ 椭圆旋钮的模芯设计

根据图4-1所示旋钮模具型腔零件的二维尺寸，创建旋钮模具型腔零件的实体模型，如图4-2所示，该结构上部由均布的三个椭圆组成，底部由一个半椭圆组成。利用CAXA制造工程师2016中已有的拉伸、打孔等功能，在160mm×120mm ×30mm的毛坯上进行模芯型腔造型。

双击桌面图标![图标]，进入CAXA制造工程师2016操作界面。移动光标至特征树栏左下角，选择"特征管理"，显示零件特征栏，进入造型界面。

一、长方体实体造型

① 在"特征管理"里选择"平面XY"为基准面，单击状态控制栏中的"草图绘制"按钮![图标]（或按F2键），进入草图绘制状态。

② 在曲线选项卡中，单击曲线生成栏中的"矩形"按钮![图标]。在矩形立即菜单中选择相应矩形的绘制方法，如图4-3所示。本例中采用"中心_长_宽"绘制方法，在立即菜单中输入长160，宽120回车，在绘图区移动光标至中心位置，单击鼠标左键绘制矩形，如图4-4所示。

③ 再次单击曲线选项卡中的"草图绘制"按钮![图标]，退出草图绘制。

④ 按F8键切换到等轴测图,当视图不能满屏显示时,则按F3键切换到满屏显示。

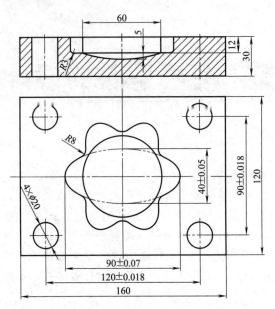

图4-1 旋钮模具型腔零件

图4-2 旋钮模具型腔实体模型

图4-3 矩形立即菜单　　　　　　　图4-4 绘制矩形

⑤ 在特征选项卡中,单击特征生成栏的"拉伸增料"按钮 ，弹出"拉伸增料"对话框,并填写拉伸增料的相关参数(如拉伸类型、拉伸深度等),填写结果如图4-5所示。在

选择拉伸对象时，移动光标至所绘制草图0，单击左键拾取后，单击"确定"按钮，完成拉伸增料，如图4-6所示。

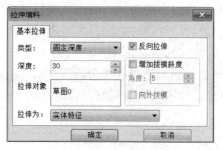

图4-5　拉伸增料对话框

图4-6　长方体造型

二、创建 ϕ20mm 通孔特征

孔的画法通常是在草图中画圆，然后进行拉伸除料形成的，也可以用"打孔"命令完成。后者不用画草图而直接在实体上找定位点，相对比较简便。

① 在特征选项卡中，单击特征生成栏中的"打孔"按钮，弹出"孔的类型"对话框，如图4-7所示。同时在状态行提示"拾取打孔平面"，将光标移动到毛坯的上表面，注意光标右边的变化，单击左键确定。

② 状态行提示"选择孔型"，在"孔的类型"对话框中选择第一行的第一个。

③ 指定孔的定位点，单击平面后按回车键，可以输入打孔位置的坐标值，根据模型要求，输入（60，45），单击"下一步"。

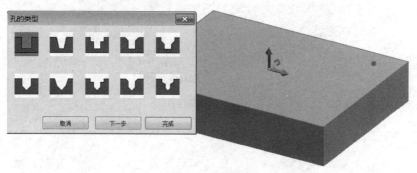

图4-7　孔的类型

④ 填入孔的参数，直径为20，深度为通孔，单击"完成"按钮完成操作，如图4-8所示。

图4-8　创建孔

⑤ 由于孔的数量不是很多，可以采用同样的方法操作。对于多个有规律的孔，可以采用线性阵列的方式完成。本例采用后者。

⑥ 在特征选项卡中，单击修改生成栏中的"线性阵列"按钮▦，弹出"线性阵列"对话框，如图4-9所示。阵列模式采用"组合阵列"。选取"阵列对象"时，要先点选"拾取阵列对象"栏，使之变为底白字状态，方可选择所需的阵列对象。"边/基准轴"用来定义线性阵列的方向，同样也必须先点选"选择方向1"栏，才可以选择相关边或基准轴，注意切换线性阵列的方向，如图4-9所示。使用同样的方法，确定线性阵列的"第二方向"，并填写相关数据，如图4-10所示。

图4-9　线性阵列对话框　　　　　　　　图4-10　线性阵列第二方向

单击"确定"按钮，线性阵列的结果如图4-11所示。

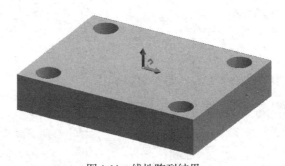

图4-11　线性阵列结果

> **技巧**："线性阵列"命令须指定第一方向，再点击"第二方向"后指定第二方向。注意在选择第二方向时，要点中"第二方向"对话框后再选定边或轴的方向才有效。

三、创建旋钮模具型芯

① 在零件特征管理栏里选择"平面XY"为基准面，如图4-12所示，在曲线选项卡中，单击"绘制草图"按钮 🖊 （或按F2键），进入草图绘制状态。

② 在曲线选项卡中，单击曲线生成栏中的"椭圆"按钮◉，绘制椭圆。在椭圆立即菜单中填写相应的椭圆参数，如图4-13所示。移动光标至坐标原点，当光标右边出现原点符号时，椭圆圆心定在坐标原点处，如图4-14所示。输入（45，0）定椭圆长半轴，输入（0，20）定椭圆短半轴，完成椭圆绘制。

③ 在常用选项卡中，单击几何变换栏中的"阵列"按钮🎛，圆形阵列2个椭圆。移动光标至阵列立即菜单，选择圆形（如图4-15所示的菜单），填写相应圆形阵列的参数。

图4-12 特征选择

图4-13 椭圆立即菜单

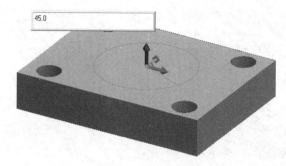

图4-14 绘制椭圆

移动光标至所绘椭圆处，单击左键拾取椭圆，单击右键结束拾取。移动光标至坐标原点，当光标右边出现原点符号时，单击左键将圆形阵列中心点定在坐标原点处，结果如图4-16所示。

图4-15 圆形阵列立即菜单

图4-16 圆形阵列结果

④ 在曲线选项卡中，单击曲线编辑栏中的"曲线过渡"按钮 ，在圆弧过渡立即菜单中，填写圆弧过渡半径8，单击修剪模式等参数，如图4-17所示。

单击左键拾取，选择需圆弧过渡的相应边界，结果如图4-18所示。

⑤ 在曲线选项卡中，单击曲线编辑栏中的"曲线裁剪"按钮 ，在修剪立即菜单中，单击设置相关修剪参数，如图4-19所示。单击左键拾取六条圆弧过渡边界外不需要的线，修剪结果如图4-20所示，单击右键确认修剪结束。

提示：对于无法修剪的独立线条可以使用"删除"命令 。删除修剪结果如图4-21所示。

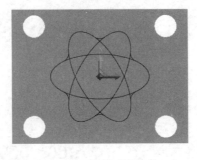

图4-17 圆弧过渡立即菜单　　　　图4-18 圆弧过渡结果　　　　图4-19 曲线修剪立即菜单

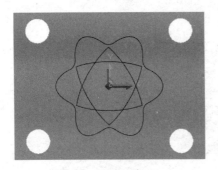

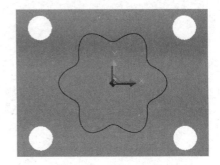

图4-20 曲线修剪结果　　　　　　　　图4-21 删除修剪结果

⑥ 在曲线选项卡中，再次单击"绘制草图"按钮 ，退出草图绘制。

当对绘制的草图需要修改时，将光标移动到零件特征栏中，放在"草图3"标题上，单击右键，弹出的快捷菜单如图4-22所示，单击左键选择"编辑草图"，即可进行草图编辑，编辑完毕后，进行下一步操作。

⑦ 按F8键切换到轴测图状态，如图4-23所示。

图4-22 编辑草图快捷菜单　　　　　　　图4-23 轴测图

⑧ 在特征选项卡中，单击特征生成栏中的"拉伸除料"按钮 ，弹出图4-24所示的"拉伸除料"对话框，并填写拉伸除料的相关参数（如：深度、拔模斜度等）。在选择拉伸对象时，移动光标至所绘制草图，单击左键拾取草图的轮廓线，单击"确定"按钮，完成拉伸除料。结果如图4-25所示。

四、创建旋钮模具型芯底部的旋转除料

① 在"零件特征管理"栏里选择"平面XZ"为基准面，在曲线选项卡中，单击状态控

制栏中的"绘制草图"按钮 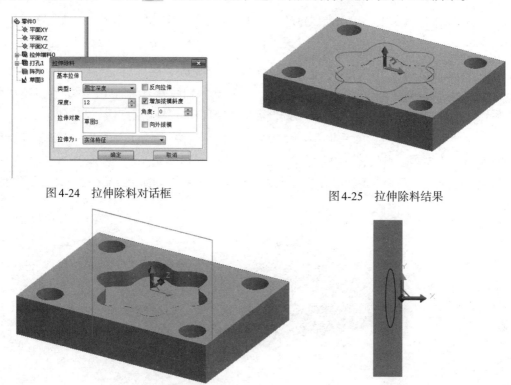 （或按F2键），进入草图绘制状态，如图4-26所示。

图4-24　拉伸除料对话框　　　　　　　　图4-25　拉伸除料结果

图4-26　草图绘制状态　　　　　　　图4-27　绘制椭圆草图

② 按F5键，在曲线特征选项卡中，单击曲线生成栏中的"椭圆"按钮 ⊙ ，在椭圆立即菜单中填写相应的椭圆参数，输入椭圆中心坐标（–12，0），输入椭圆长轴坐标（–12，–30），输入椭圆短轴坐标（–7，0），完成椭圆绘制，如图4-27所示。

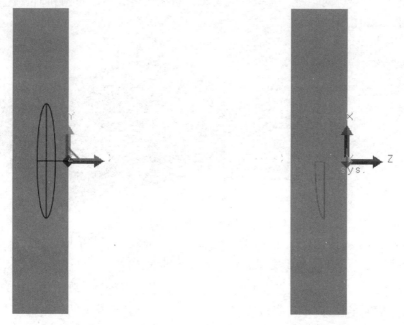

图4-28　绘制辅助线　　　　　　　　　图4-29　完成草图绘制

③ 在曲线选项卡中，单击曲线生成栏中的"直线"按钮 ⟋，绘制辅助线，如图4-28所示。

④ 在曲线选项卡中，单击曲线编辑栏中的"修剪"按钮 ✂，修剪无用线，在常用选项卡中，单击常用栏中的"删除"按钮 🖊，删除多余线条，完成草图绘制如图4-29所示。

⑤ 在曲线选项卡中，再次单击"绘制草图"按钮 🖊，退出草图绘制。

⑥ 绘制椭圆旋钮底部的旋转除料轴线。旋转除料轴线是空间曲线，需要在退出草图状态后绘制。按F8键切换到轴测状态，按F9键切换空间曲线绘制基准面至*XOZ*面。

在曲线选项卡中，单击曲线生成栏中的"直线"按钮 ⟋，弹出立即菜单，并设置绘制直线的相关参数。当状态行提示输入"第一点"时，移动光标至坐标原点，当光标右边出现端点符号时，确定直线起点在坐标原点处，单击鼠标左键，向上绘制一条长度适当的垂直线，如图4-30所示。

图4-30　绘制轴线

⑦ 旋转除料，生成椭圆旋钮底部分。通过围绕一条空间直线旋转一个或多个封闭轮廓，减少生成一个特征。在特征选项卡中，单击除料生成栏中的"旋转除料"按钮 🔄，弹出如图4-31所示的"旋转"对话框，选取旋转类型，填入角度，拾取草图和轴线，单击"确定"按钮完成操作。如图4-32所示。

图4-31　旋转除料

⑧ 按F8键切换到轴测图，移动光标至轴线，单击鼠标左键拾取，随后单击鼠标右键，即在屏幕上弹出工具菜单，单击隐藏命令，来隐藏轴线。

⑨ 在特征选项卡中，单击修改生成栏中的"过渡"按钮 🔲，弹出如图4-33所示的"过渡"对话框，填入半径3，确定过渡方式和结束方式，选择变化方式，用鼠标左键拾取需要过渡的元素，如图4-33所示，单击"确定"按钮完成操作，如图4-34所示。过渡后实体图

如图4-35所示。

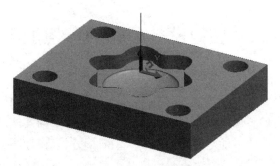

图 4-32　绘制椭圆型腔

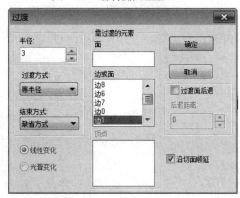

图 4-33　过渡对话框

图 4-34　拾取过渡线

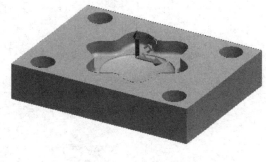

图 4-35　过渡后实体图

在拾取过程中应注意以下几点。

a.在拾取过程中，注意当光标接近实体边缘的时候，光标右边显示边界符号，与此同时边界以绿色线显示。

b.对于选中的边界则以红色显示。

c.当拾取边界产生错误时，可以再次拾取所选边界。

d.对于细小边界的拾取，可以选择显示窗。按F3键恢复显示全部。

e.当因视角问题影响拾取时，在绘图区按下鼠标中键，使轴测图旋转至适当视角。

f.建议最好拾取所需过渡边界，此处可拾取部分椭圆的边界。

［实例4-2］　旋钮模具型芯的数控加工与仿真

根据旋钮模具型芯的设计结果，利用CAXA制造工程师2016的加工功能完成旋钮模具型芯的加工。毛坯上表面选择用平面区域粗加工完成粗加工，去除多余材料，四个小孔用平面轮廓精加工完成精加工。此旋钮模具型腔上部是由八个椭圆弧过渡而成的，旋钮模具型腔底部由半椭圆曲面形成，所以选择用等高线粗加工完成粗加工，用等高线精加工完成精加工。

双击桌面图标，进入CAXA制造工程师2016操作界面。在主菜单中单击"文件"子菜单中的"打开"，或者在快速启动栏上直接单击"打开"按钮，弹出"打开"对话框，选择需加工的文件。

一、加工前参数设置

1.定义毛坯

在轨迹管理导航栏中，选择"毛坯"栏双击左键，弹出"毛坯定义"对话框，如图4-36所示。

系统提供了三种定义毛坯的方式。为简化操作，本例采用参照模型的方式，先单击"参照模型"按钮，系统依据模型自动获取毛坯的基准点、长、宽和高的数据，单击"确定"按钮完成毛坯定义。

在编程过程中，毛坯的显示可能会影响操作的进行。在加工管理导航中，选择"毛坯"栏单击右键，即弹出立即菜单，如图4-37所示，选择"隐藏毛坯"一项。当然也可以在定义毛坯时，将"显示毛坯"的开关关闭，这样就无法观察毛坯的具体形状。

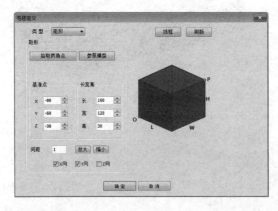

图4-36　毛坯定义对话框

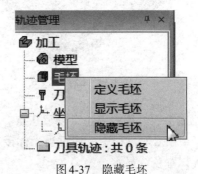

图4-37　隐藏毛坯

2.刀具库设置

在轨迹管理导航栏中，选择"刀具库"栏双击左键，弹出"刀具库"对话框，如图4-38所示。

选择"增加"按钮，弹出"刀具定义"对话框，如图4-39所示。

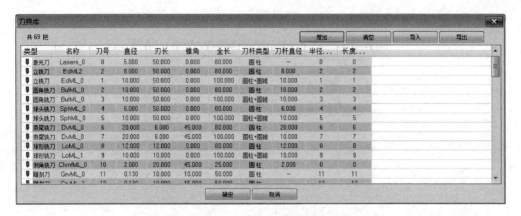

图4-38　刀具库对话框

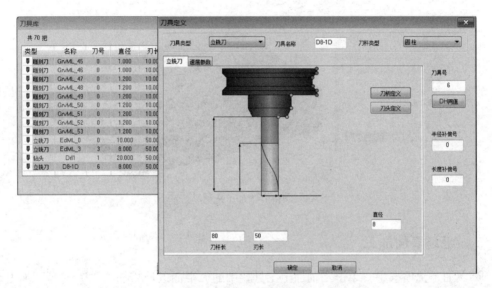

图4-39　刀具定义对话框

系统提供了两种刀具（铣刀、钻头），对于实际生产的需要，用户可以根据实际模型去定义刀具的主要参数。如本例中就设定了一把立铣刀（D8-1D），实际加工中可依据刀具名选择。

刀具主要参数有刀具半径、刀角半径，它们直接影响加工精度。

对于使用加工中心的用户需设置刀具号和刀具补偿号。其他参数用户可以根据中文提示自行设置。

注意当设定好刀具参数，按"确定"按钮后，在轨迹管理导航栏中能看到刀具库的变化。对于刀具库的管理也可边加工边设置。

3.加工边界设定

单击标准工具栏中的"层设置"按钮，弹出"图层管理"对话框，如图4-40所示，单击"新建图层（E）"按钮，图层名设为"底部加工边界"，并单击"当前图层（C）"按钮，将新建图层设为当前图层，单击"确定"退出。

单击曲线生成栏中的"相关线"按钮，从立即菜单中选择"实体边界"。拾取加工中必要的边界线，如图4-41所示。

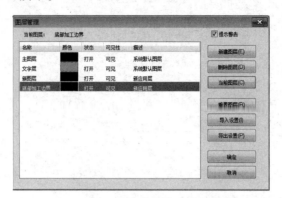

图4-40　图层管理对话框

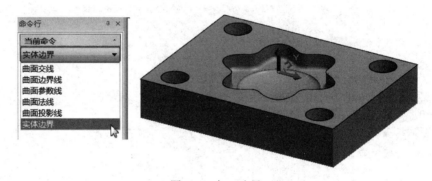

图4-41　加工边界

二、毛坯表面加工

① 在加工选项卡中，单击二轴加工工具栏中的"平面区域粗加工"按钮▣，弹出"平面区域粗加工（创建）"对话框，如图4-42所示。此加工功能是生成具有多个岛的平面区域的刀具轨迹，适合2/2.5轴粗加工。

设置加工参数，走刀方式选择平行加工，刀具以平行走刀方式切削工件。往复方式刀具以顺逆混合方式加工工件，适合于平面粗加工。设置轮廓参数，轮廓补偿中ON是设置刀心线与轮廓重合；TO是设置刀心线未到轮廓一个刀具半径；PAST是设置刀心线超过轮廓一个刀具半径，TO和PAST所偏方向相反。补偿是左偏还是右偏取决于加工的是内轮廓还是外轮廓。

加工参数主要设置顶层高度、底层高度和每层下降高度，以工件坐标系为参考来控制加工范围，可以利用该功能完成分层的平面加工。

② 单击"清根参数"标签：设置清根及清根进退刀方式。如图4-43所示。

③ 单击"下刀方式"标签：设置下刀方式，安全高度是刀具快速移动而不会与毛坯或模型发生干涉的高度；慢速下刀距离是在切入或切削开始前的一段刀位轨迹的位置长度，这段轨迹以慢速下刀速度垂直向下进给；退刀距离是在切出或切削结束后的一段刀位轨迹的位置长度，这段轨迹以退刀速度垂直向上进给。如图4-44所示。

④ 单击"刀具参数"标签：设置刀具参数，选择直径为10的立铣刀。如图4-45所示。

⑤ 单击"几何"标签：设置几何参数，拾取加工轮廓曲线。如图4-46所示。

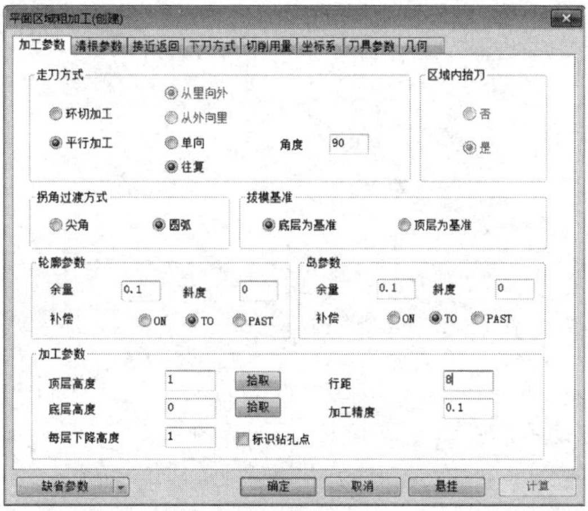

图4-42　平面区域粗加工（创建）对话框

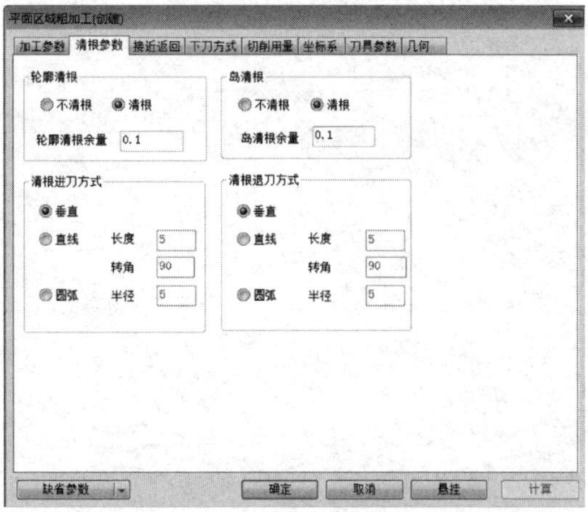

图4-43　清根参数设置

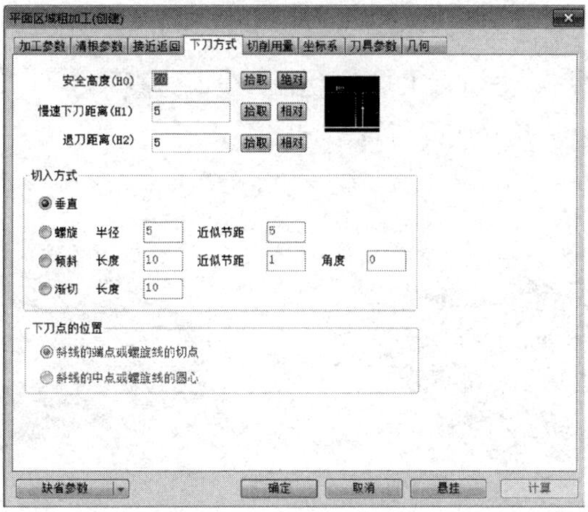

图4-44　下刀方式设置

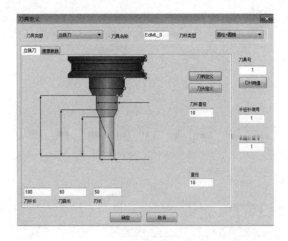

图4-45　刀具参数设置

图4-46　几何参数设置

⑥ 加工参数设置完成后，单击"确定"按钮退出"平面区域粗加工（创建）"对话框，系统进行刀路运算，加工轨迹如图4-47所示。

⑦ 在加工选项卡中，单击仿真工具栏中的"线框仿真"按钮⊗，单击左键拾取加工轨迹线，单击右键拾取结束，开始线框仿真，如图4-48所示。

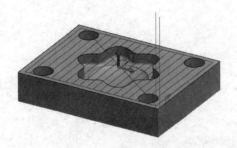

图4-47　平面区域粗加工轨迹

图4-48　平面区域粗加工轨迹仿真

为不影响程序的继续编写，可以将刀路做隐藏处理。在加工轨迹管理导航栏中，选择如

图4-47中生成的平面区域式粗加工轨迹，单击右键，弹出立即菜单，选择隐藏即可。也可以在图层管理中建立"刀路"图层，并将该图层设为"当前图层"，利用图层来管理刀路。

三、直径为20mm的通孔精加工

① 按F9切换当前坐标面在*YOZ*面上。在曲线选项卡中，单击曲线生成工具栏中的"直线"按钮 ，在立即菜单中设置长度10，如图4-49所示。按空格键选择圆心，如图4-50所示，捕捉孔轮廓圆心，单击左键，再按空格键选择缺省点，移动光标向上，单击左键绘制10mm直线，同样方法绘制其他辅助直线，如图4-51所示。

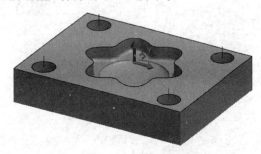

图4-49　直线立即菜单　图4-50　捕捉方式立即菜单　　　　图4-51　绘制辅助直线

② 在加工选项卡中，单击二轴加工工具栏中的"平面轮廓精加工"按钮 ，弹出"平面轮廓精加工（编辑）"对话框，如图4-52所示。属于二轴加工方式，主要用于加工封闭的和不封闭的轮廓。

> **注意**：加工前最好能用钻头预钻孔。

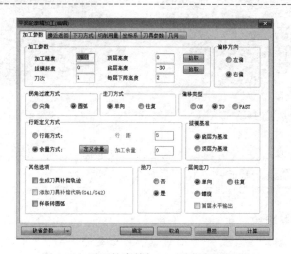

图4-52　平面轮廓精加工（编辑）对话框

③ 单击"刀具参数"标签：双击刀具名为BulML_0的圆角铣刀。如图4-53所示。其余为系统默认。切削用量依据用户经验设定。

④ 生成刀具轨迹。

填写完参数表后，点取"确定"键，系统将给出提示：拾取轮廓。提示用户选择轮廓线，当拾取第一条轮廓线后，此轮廓线变为红色的虚线。系统给出提示：选择方向。要求用户选轮廓线的一个方向，此方向表示刀具的加工方向，同时也表示拾取轮廓线的方向。选择方向后，如果采用的是链拾取方式，则系统自动拾取首尾连接的轮廓线，如果采用单个拾取，则系统提示继续拾取轮廓线。拾取孔中心上辅助直线上端点为进刀点和退刀点。系统生成刀具轨迹，如图4-54所示。同样方法生成其他孔的刀具轨迹，至此完成利用平面轮廓方法生成刀具轨迹。

图4-53 刀具参数设置

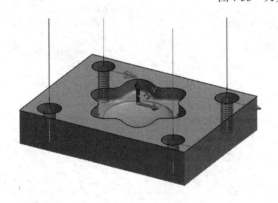

图4-54 孔加工刀具轨迹

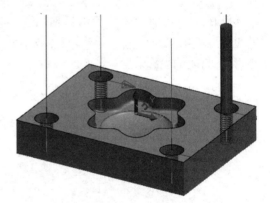

图4-55 孔加工刀具轨迹仿真

⑤ 在加工选项卡中，单击仿真工具栏中的"线框仿真"按钮 ⊗，单击左键拾取加工轨迹线，单击右键拾取结束，开始线框仿真，如图4-55所示。

> **注意：**
> a.轮廓线可以是封闭的，也可以是不封闭的。
> b.轮廓既可以是 *XOY* 面上的平面曲线，也可以是空间曲线。若是空间轮廓线，则系统将轮廓线投影到 *XOY* 面之后生成刀具轨迹。
> c.可以利用该功能完成分层的轮廓加工。通过指定"当前高度""底面高度"及"每层下降高度"，即可定出加工的层数，进一步通过指定"拔模角度"，可以实现具有一定锥度的分层加工。

四、旋钮型腔模粗加工

① 在加工选项卡中，单击三轴加工工具栏中的"等高线粗加工"按钮 ⬢。弹出"等高

线粗加工"对话框，如图4-56所示。此功能生成分层等高式粗加工轨迹。加工方向选择顺铣；优先策略选择层优先；Z向每加工层的切削深度为1；加工余量为0.5。

② 单击"区域参数"标签：选择拾取已有的边界曲线；刀具位于边界的内侧，如图4-57所示。

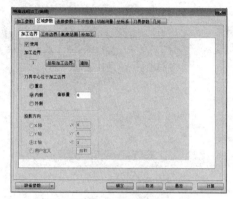

图4-56　等高线粗加工对话框　　　　　图4-57　区域参数设置

③ 单击"刀具参数"标签：选择D6的球头铣刀，如图4-58所示。

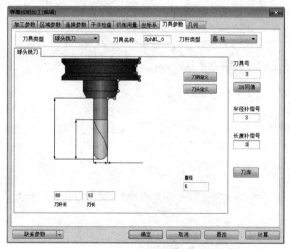

图4-58　刀具参数设置

④ 其余参数为系统默认。单击"确定"按钮，单击左键拾取加工对象为实体模型，单击右键，结束拾取加工对象。单击左键拾取型腔的边界为加工边界，并单击左键指定加工边界的链搜索方向，继续单击右键，系统进行刀路轨迹运算，结果如图4-59所示。

⑤ 在加工选项卡中，单击仿真工具栏中的"实体仿真"按钮●，单击左键拾取加工轨迹线，单击右键拾取结束，开始实体仿真，如图4-60所示。

五、旋钮型腔精加工

① 在加工选项卡中，单击三轴加工工具栏中的"等高线精加工"按钮，弹出"等高线精加工"对话框，如图4-61所示。此功能生成等高线加工轨迹。加工方向选择顺铣；优先策略选择层优先；Z向每加工层的切削深度为1；加工余量为0。

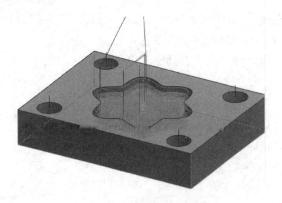
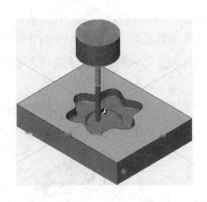

图 4-59　等高线粗加工刀路轨迹　　　　　图 4-60　等高线粗加工刀路轨迹仿真

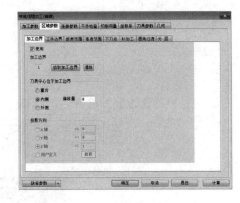

图 4-61　等高线精加工对话框　　　　　图 4-62　区域参数设置

　　② 单击"区域参数"标签：选择拾取已有的边界曲线；刀具位于边界的内侧，如图 4-62 所示。

　　③ 单击"刀具参数"标签：选择 D3 的球头铣刀，如图 4-63 所示。

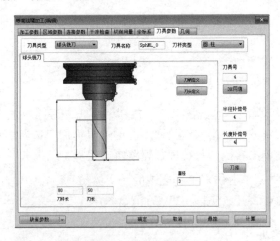

图 4-63　刀具参数设置

　　④ 单击"确定"按钮，单击左键拾取加工对象为实体模型，单击右键，结束拾取加工对象。单击右键确认，单击左键拾取型腔的边界为加工边界，并单击左键指定链搜索方向，

继续单击右键，系统进行刀路运算，等高线精加工轨迹如图4-64所示。等高线精加工轨迹仿真如图4-65所示。

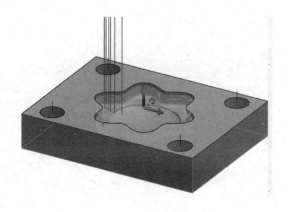

图4-64　等高线精加工轨迹

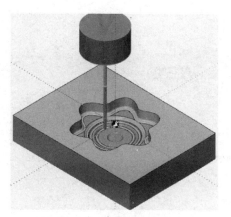

图4-65　等高线精加工轨迹仿真

拓 展 练 习

1.建立图4-66所示的连杆零件模型，并选择合适的粗、精加工方法，实现其自动编程。

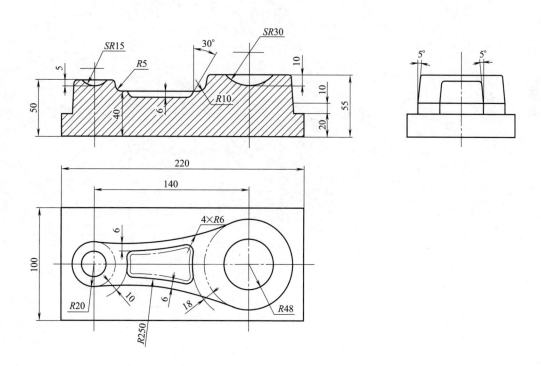

图4-66　连杆零件

2.建立图4-67所示的圆盘零件模型，并选择合适的粗、精加工方法，实现其自动编程。

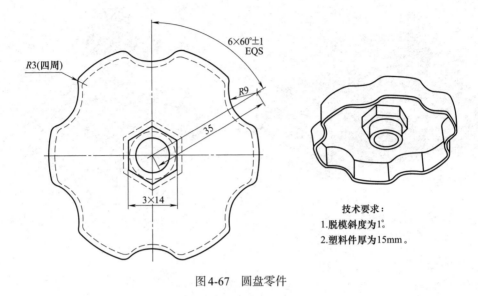

图4-67　圆盘零件

第五章

曲面凸台零件的设计与加工

本章将通过曲面凸台零件实体造型与加工的例子介绍从设计到加工的过程，重点讲述旋转增料、旋转除料和环形阵列等造型方法，加工中将重点讲述"等高线粗加工""轮廓导动精加工""曲面区域精加工""环形阵列刀具轨迹"方法的运用。

◎**技能目标**

- 巩固创建曲线、草图的方法。
- 巩固创建旋转增料和旋转除料的方法。
- 学习实体表面及相关线等命令的使用方法。
- 掌握"轮廓导动精加工"方法的运用。
- 掌握"曲面区域精加工"方法的运用。

［实例5-1］ 曲面凸台零件的设计

由工程图（图5-1）可以看出，该曲面凸台零件主要由三部分组成：

① 120mm×80mm×10mm的底板。

② 两边凸台、凹槽及2×ϕ6mm×12mm孔。

③ 中间旋转体及旋转体上的除料特征。

利用CAXA制造工程师2016中已有的拉伸、旋转增料、旋转除料和环形阵列等功能，在120mm×80mm×10mm的毛坯上进行凸台零件的造型。

双击桌面图标 ，进入CAXA制造工程师2016操作界面。移动光标至特征树栏左下角，选择"特征管理"，显示零件特征栏，进入造型界面。

一、创建120mm×80mm×10mm的底板

① 创建新文件。 单击快速启动栏上的"新建"按钮 ，创建一个新的文件。

② 在"特征管理"里选择"平面XY"为基准面，在曲线选项卡中，单击"草图绘制"按钮 （或按F2键），进入草图绘制状态。

③ 在曲线选项卡中，单击曲线生成栏中的"矩形"按钮 。在矩形立即菜单中选择相应矩形的绘制方法，如图5-2所示。本例中采用"中心_长_宽"绘制方法，在立即菜单中输入长120，宽80回车，在绘图区移动光标至中心位置，单击鼠标左键绘制矩形，如图5-3所示。

④ 在曲线选项卡中，再次单击 "草图绘制"按钮 ，退出草图绘制。

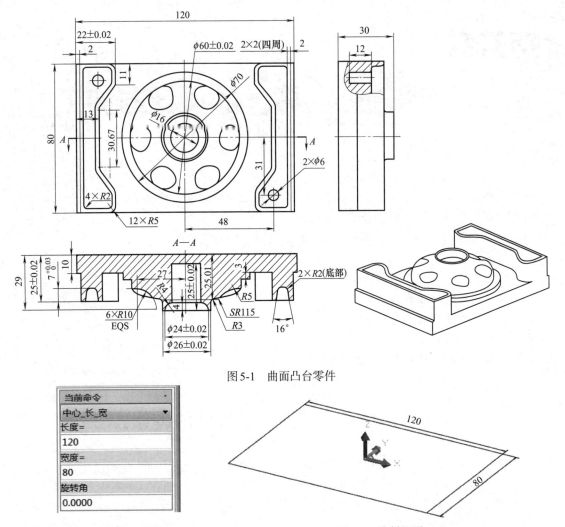

图5-1 曲面凸台零件

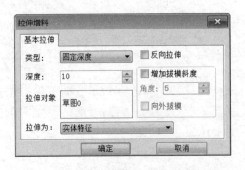

图5-2 矩形立即菜单

图5-3 绘制矩形

⑤ 按F8键切换到等轴测图，当视图不能满屏显示时，则按F3键切换到满屏显示。

⑥ 单击特征生成栏的"拉伸增料"按钮 ，弹出"拉伸增料"对话框，并填写拉伸增料的相关参数（如拉伸类型、拉伸深度等），填写结果如图5-4所示。在选择拉伸对象时，移动光标至所绘制草图0，单击左键拾取后，单击"确定"按钮，完成拉伸增料，如图5-5所示，即完成120mm×80mm×10mm长方体底板的绘制。

图5-4 拉伸增料对话框

图5-5 长方体造型

二、创建两边凸台、凹槽及小孔

1. 创建两边凸台

① 单击 120mm×80mm×10mm 长方体的上表面，以其为基准平面创建草图。在曲线选项卡中，再单击"草图绘制"按钮 （或按 F2 键），进入草图绘制状态。

② 运用在曲线选项卡中的"直线"按钮 、"等距线"按钮 、"曲线投影"按钮 、"裁剪" 等按钮绘制出如图 5-6 所示的平面图，单击状态控制栏中的"草图绘制"按钮 ，退出草图绘制。

③ 在常用选项卡中的"几何变换"功能区，单击"平面镜像" 按钮。在立即菜单中选取"拷贝"。拾取镜像轴首点，镜像轴末点，拾取左边的镜像元素，按右键确认，平面镜像完成。如图 5-7 所示。

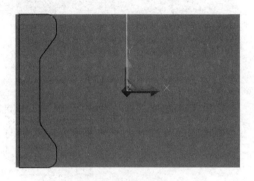

图 5-6 凸台草图绘制 1

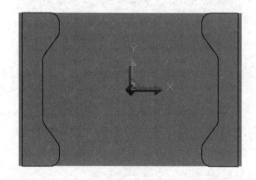

图 5-7 凸台草图绘制 2

④ 在特征选项卡中"增料"生成栏中，单击"拉伸增料"按钮 ，弹出"拉伸增料"对话框，并填写拉伸增料的相关参数（如拉伸类型、拉伸深度等），填写结果如图 5-8 所示。在选择拉伸对象时，移动光标至所绘制草图 1，单击左键拾取后，单击"确定"按钮即完成两边凸台的造型，如图 5-9 所示。

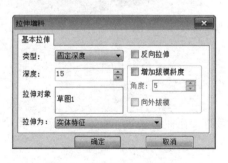

图 5-8 拉伸增料对话框

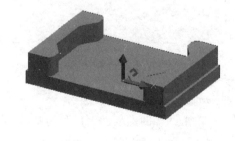

图 5-9 两边凸台的造型

2. 创建两边凸台中间的凹槽

① 单击凸台的上表面，以其为基准平面创建草图。在曲线选项卡中，再单击"草图绘制"按钮 （或按 F2 键），进入草图绘制状态。

② 运用"曲线投影"按钮 ，将原凸台的边线投影出来，然后运用"等距线"按钮

⌐，将投影出来的边线都往里移动2mm，再单击"曲线过渡"按钮 ⌐，对四个尖角位置倒圆角 *R*2mm，即可完成如图5-10所示的结果。

③ 在曲线选项卡中，单击"草图绘制"按钮 ✐，退出草图绘制。

④ 在常用选项卡中的"几何变换"功能区，单击"平面镜像" ⚠ 按钮。在立即菜单中选取"拷贝"。拾取镜像轴首点、镜像轴末点，拾取左边的镜像元素，按右键确认，平面镜像完成。如图5-11所示。

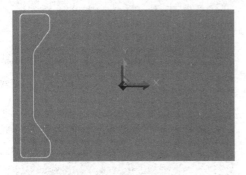

图5-10　凹槽草图绘制1

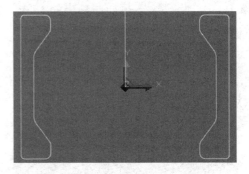

图5-11　凹槽草图绘制2

⑤ 单击特征生成栏的"拉伸除料"按钮 ▣，弹出"拉伸除料"对话框，并填写拉伸除料的相关参数（如拉伸类型、拉伸深度等），填写结果如图5-12所示。在选择拉伸对象时，移动光标至所绘制草图9，单击左键拾取后，单击"确定"按钮即完成两边凹槽的造型，如图5-13所示。

图5-12　拉伸除料对话框

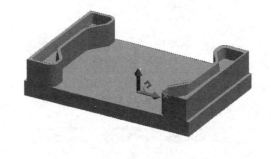

图5-13　两边凹槽的造型

3．创建 φ6mm小孔

① 单击凹槽的上表面，以其为基准平面创建草图。在曲线选项卡中，单击"草图绘制"按钮 ✐（或按F2键），进入草图绘制状态。

② 运用在曲线选项卡中的"圆"按钮 ⊕，分别在圆心坐标为（48，−31）和（−48，31）的位置绘制两个 φ6mm小圆。

③ 在曲线选项卡中，单击"草图绘制"按钮 ✐，退出草图绘制。

④ 单击特征生成栏的"拉伸除料"按钮 ▣，弹出"拉伸除料"对话框，并填写拉伸除料的相关参数（如拉伸类型、拉伸深度等），填写结果如图5-14所示。在选择拉伸对象时，

移动光标至所绘制草图11，单击左键拾取后，单击"确定"按钮即完成两边 $\phi 6mm$ 小孔造型，如图5-15所示。

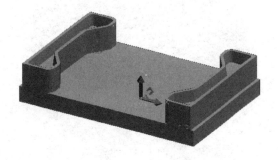

图5-14 拉伸除料对话框

图5-15 两边 $\phi 6mm$ 小孔造型

三、创建中间旋转体及旋转体上的除料特征

1. 创建中间旋转体

① 在"特征管理"栏中单击"平面XZ"，然后以其为基准平面创建草图。在曲线选项卡中，单击"草图绘制"按钮 ✏（或按F2键），进入草图绘制状态。

② 按F5键，在平面XY上绘制，运用在曲线选项卡中的"直线"按钮 ╱、"等距线"按钮 ⦀、"过渡"按钮 ⌐、"裁剪" ✂ 等按钮绘制出如图5-16所示的平面图。经过裁剪删除多余线条，结果如图5-17所示。

③ 在曲线选项卡中，单击"绘制草图"按钮 ✏，退出草图绘制。

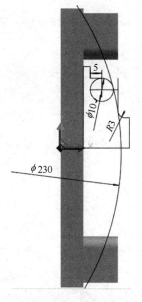

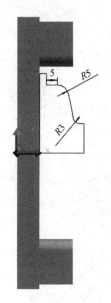

图5-16 绘制的草图1

图5-17 绘制的草图2

④ 按F5键，回到轴测状态，如图5-18所示。运用直线命令在旋转中心的位置绘制一条垂直线，长度任意，如图5-19所示。

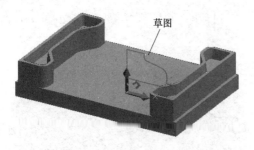

图5-18　轴测状态显示

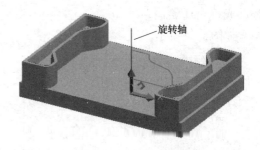

图5-19　绘制一条垂直线

⑤ 在特征选项卡中"增料"生成栏中，单击"旋转增料"按钮 ⚙，在弹出的对话框中，依次选择刚才生成的草图和空间垂直线（见图5-20），角度为360°。单击"确定"按钮后，结果如图5-21所示。

图5-20　旋转增料参数设置

图5-21　旋转体造型

2. 旋转体上的除料特征

① 在"特征管理"栏中单击"平面XZ"，然后以其为基准平面创建草图。在曲线选项卡中，单击"草图绘制"按钮 ✏（或按F2键），进入草图绘制状态。

② 按F5键，在平面XY上绘制，运用在曲线选项卡中的"直线"按钮 ✏、"等距线"按钮 ⊐、"过渡"按钮 ⌐、"裁剪" ✂ 等按钮绘制出平面图。经过裁剪删除多余线条，结果如图5-22所示。

③ 在曲线选项卡中，单击"草图绘制"按钮 ✏，退出草图状态。

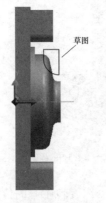

图5-22　草图绘制

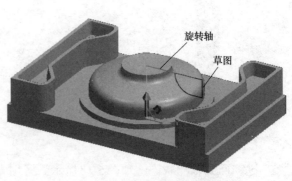

图5-23　绘制一条旋转轴线

④ 按F9两次，切换坐标面在*XOZ*面上，运用直线命令在旋转中心的位置绘制一条水平线，长度任意，作为旋转轴线，如图5-23所示。

⑤ 在特征选项卡中"除料"生成栏中，单击"旋转除料"按钮 ，在弹出的对话框中，依次选择刚才生成的草图和空间垂直线（见图5-24），角度为360°。单击"确定"按钮后，结果如图5-25所示。

⑥ 在特征选项卡中"修改"生成栏中，单击"环形阵列"按钮 ，在弹出的对话框中依次选择所需要的条件："阵列对象"为刚生成的旋转除料特征（可在设计树中选择）；"边/基准轴"为中间垂直线；环形阵列数目为6，如图5-26所示。单击"确定"按钮后，阵列结果如图5-27所示。

图5-24 旋转除料参数设置

图5-25 旋转除料造型

图5-26 环形阵列参数

图5-27 环形阵列造型

⑦ 生成中间阶梯孔特征。

单击直径为φ26mm圆台的上表面，以其为基准平面创建草图。在曲线选项卡中，单击"草图绘制"按钮 （或按F2键），进入草图绘制状态。运用在曲线选项卡中的"圆"按钮 ，绘制φ16mm圆。在曲线选项卡中，单击"草图绘制"按钮 ，退出草图绘制。

⑧ 单击特征生成栏的"拉伸除料"按钮 ，弹出"拉伸除料"对话框，填写拉伸除料的相关参数（如拉伸类型、拉伸深度等），填写结果如图5-28所示。在选择拉伸对象时，移动光标至所绘制草图14，单击左键拾取后，单击"确定"按钮即完成中间φ16mm孔造型，如图5-29所示。

同样方法生成中间φ24mm阶梯孔，深度4mm，参数设置如图5-30，结果如图5-31所示。此部位也可以使用"打孔"命令一次完成。

图 5-28　创建ϕ16mm孔参数设置

图 5-29　创建ϕ16mm孔

图 5-30　创建ϕ24mm阶梯孔参数设置

图 5-31　创建ϕ24mm阶梯孔

⑨ 圆角过渡。在特征选项卡中"修改"生成栏中，单击"过渡"按钮 ⬚，在弹出的对话框中，输入半径4，如图5-32所示。拾取需要过渡的元素，单击"确定"完成操作，结果如图5-33所示。

> 提示：本零件中需要倒圆角的位置有两个：阶梯孔4mm位置的R4mm；两边凸台中间凹槽底部四周的R2mm。R2mm圆角过渡参数设置如图5-34所示。整个零件已经设计完毕，最终结果如图5-35所示。

图 5-32　R4mm圆角过渡参数设置

图 5-33　R4mm圆角过渡

图 5-34　R2mm圆角过渡参数设置

图 5-35　零件造型

［实例5-2］　曲面凸台零件数控加工轨迹

从造型看，本零件主要可以分为五个部分来加工：

① 使用 φ8mm 平刀粗加工中间平面。

② 使用 φ0mm 立铣刀粗加工两边凸台的凹槽。

③ 使用 φ10mm 立铣刀粗加工中间特征。

④ 使用 φ3mm 球刀精加工中间旋转体。

⑤ 使用"曲面区域精加工"方法加工六个旋转出料凹槽。

利用 CAXA 制造工程师 2016 的加工功能完成曲面凸台零件的加工。经过分析我们选用"平面区域粗加工"来完成中间平面的加工，用"等高线粗加工"来完成中间旋转特征和两边凸台凹槽的加工，用"轮廓导动精加工"来完成中间旋转特征的精加工，用"曲面区域精加工"来完成六个旋转出料凹槽曲面的精加工。

双击桌面图标 ，进入 CAXA 制造工程师 2016 操作界面。移动光标至特征树栏左下角，选择"轨迹管理"，显示零件加工轨迹管理栏，进入造型界面。在主菜单中单击"文件"子菜单中的"打开"，或者在快速启动栏上直接单击"打开"按钮 ，弹出"打开"对话框，选择需加工的文件。

一、使用 φ8mm 平刀粗加工中间平面

1. 加工前的准备

① 在轨迹管理导航栏中，选择"毛坯"栏双击左键，弹出"毛坯定义"对话框，如图 5-36 所示。使用"参照模型"的方法生成零件毛坯。

② 设置"起始点"为（0，0，50）。

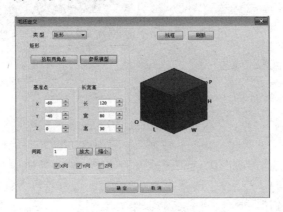

图 5-36　毛坯定义对话框

③ 在曲面选项卡中，单击曲面生成栏中的"实体表面"按钮 ，在立即菜单中，选择拾取表面，如图 5-37 所示。按提示拾取实体表面，将实体的表面生成曲面，如图 5-38 所示。

从实体上提取曲面

图 5-37　实体表面立即菜单　　　　　图 5-38　生成实体表面曲面

④ 在曲线选项卡中，单击曲线生成栏中的"相关线"按钮 ，在立即菜单中，选择曲面边界线，单根或全部，如图5-39所示。按提示拾取曲面，将生成曲面边界线，结果如图5-40所示。

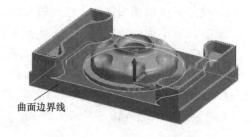

图5-39 相关线立即菜单　　　　　图5-40 生成曲面边界线

⑤ 在曲线选项卡中，单击曲线生成栏中的"等距"按钮 ，在立即菜单中选择等距，输入5，如图5-41所示。拾取曲线，给出等距方向，等距线生成。边接两边线，删除曲面边界线，形成封闭轮廓线，结果如图5-42所示。

图5-41 等距线立即菜单　　　　　图5-42 生成等距线

2. 使用ϕ8mm立铣刀粗加工平面

① 在加工选项卡中，单击二轴加工工具栏中的"平面区域粗加工"按钮 ，弹出"平面区域粗加工（创建）"对话框，如图5-43所示。此加工功能是生成具有多个岛的平面区域的刀具轨迹，适合2/2.5轴粗加工。走刀方式设为从里向外，环切加工。顶层高度30，底层高度10，每层下降高度1，行距6。选择ϕ8mm立铣刀，刀具参数设置如图5-44所示。

② 单击"确定"按钮，退出"平面区域粗加工（编辑）"对话框，单击图5-45所示的外边线为"轮廓线"，里边的圆轮廓线为"岛屿线"，单击右键生成刀具轨迹，结果如图5-46所示。

③ 在加工选项卡中，单击仿真工具栏中的"实体仿真"按钮 ，单击左键拾取加工轨迹线，单击右键拾取结束，开始实体仿真，如图5-47所示。

二、使用ϕ10mm立铣刀粗加工两边凸台的凹槽

① 在曲线选项卡中，单击曲线生成栏中的"相关线"按钮 ，在立即菜单中，选择"实体边界"，如图5-48所示。将两凸台内边的轮廓边线投影出来，结果如图5-49所示。

② 在加工选项卡中，单击三轴加工工具栏中的"等高线粗加工"按钮 。弹出"等高线粗加工（编辑）"对话框，如图5-50所示。此功能生成分层等高式粗加工轨迹。加工方向选择顺铣；Z向每加工一层的切削深度为1；相对加工区域的残余量为0.3。

图 5-43　加工参数设置

图 5-44　刀具参数设置

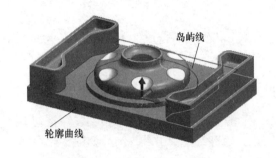

图 5-45　轮廓线及岛屿线

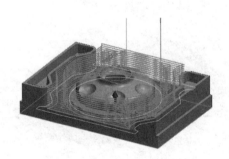

图 5-46　平面区域粗加工轨迹

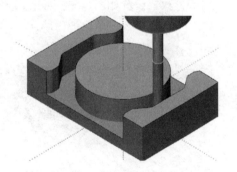

图 5-47　平面区域粗加工轨迹仿真

图 5-48　相关线立即菜单

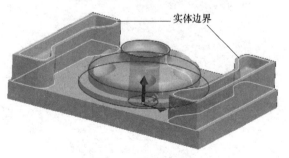

图 5-49　投影轮廓线

图5-50　等高线粗加工（编辑）对话框

③ 参数均设置好后，单击"确定"按钮，单击左键选择加工面，拾取两凸台顶面边界线为"加工边界"，单击右键，即生成"等高线粗加工"轨迹，结果如图5-51所示。

三、使用 φ10mm 立铣刀粗加工中间特征

① 在曲线选项卡中，单击曲线生成栏中的"相关线"按钮 ，在立即菜单中，选择"实体边界"。将圆台底部边界轮廓线投影出来，结果如图5-52所示。

② 在加工选项卡中，单击三轴加工工具栏中的"等高线粗加工"按钮 。弹出"等高线粗加工（编辑）"对话框。此方法在之前的零件加工中也详细介绍过，在此不再详述。其中，"加工参数"设置如图5-53所示，"连接参数"的设置如图5-54所示。

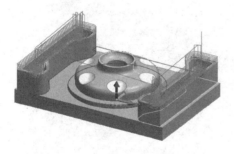

图5-51　粗加工两边凸台的凹槽轨迹

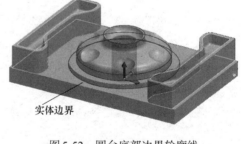

实体边界

图5-52　圆台底部边界轮廓线

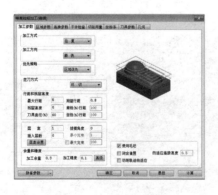

图5-53　加工参数设置

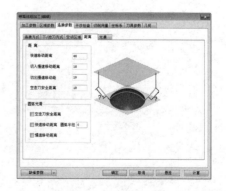

图5-54　连接参数设置

③ 参数均设置好后，单击"确定"按钮，单击左键选择加工面，拾取圆为"加工边界"，单击右键，即生成"等高线粗加工"轨迹，结果如图5-55所示。

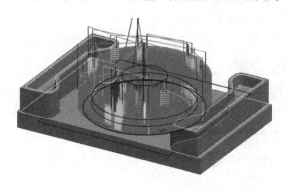

图5-55　等高线粗加工轨迹

四、使用 ϕ3mm 球刀精加工中间旋转体

① 加工边界的准备。按F7键，在平面 XOZ 上绘制截面线，运用在曲线选项卡中的"直线"按钮 ✐、"等距线"按钮 ⌐、"圆"按钮 ⊕、"裁剪"按钮 ✂等功能绘制出如图5-56所示的平面图。经过裁剪删除多余线条，绘制出导动截面线，结果如图5-57所示。导动轮廓线及截面线如图5-58所示。

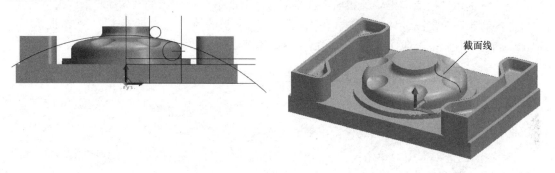

图5-56　绘制截面线　　　　　　　　　　图5-57　绘制导动截面线

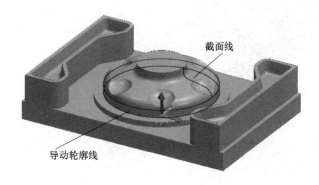

图5-58　轮廓线及截面线

提示： 绘制导动截面线比较麻烦，也可通过复制图5-17所绘制的草图来完成。单击"旋转体"草图，按F2键进入草图。从常用功能选项卡中选择"拷贝"，再选择需拷贝的曲线，按F2键退出草图，然后从常用功能选项卡中选择"粘贴"，捕捉中心点，即可将草图环境的图素复制到空间环境中。如果位置不合适，可在常用功能选项卡中，单击"几何变换"中的"平移"按钮 ，移动到合适位置。

② 在加工功能选项卡中，单击"三轴加工"中的"轮廓导动精加工"图标 ，打开"轮廓导动精加工（编辑）"→"加工参数"设置栏，具体参数设置如图5-59所示。

图5-59　加工参数设置

图5-60　轮廓导动精加工轨迹

③ 在"刀具参数"栏中选择*R*3的球刀。各参数设定好后，单击"确定"按钮。

当系统提示"拾取加工轮廓和加工方向"时，单击图5-58所示的"导动轮廓线"，单击顺时针方向箭头。单击图5-58所示的"截面线"，单击向上的箭头，单击右键。当系统提示"选取加工侧边"时，单击向外的箭头，即可生成"轮廓导动精加工"轨迹，结果如图5-60所示。

五、使用"曲面区域精加工"方法加工六个旋转出料凹槽

① 在曲线选项卡中，单击曲线生成栏中的"相关线"按钮 ，在立即菜单中，选择"实体边界"。将凹槽边界轮廓线投影出来，轮廓线结果如图5-61所示。

② 在曲面选项卡中，单击曲面生成栏中的"实体表面"按钮 ，在立即菜单中，选择"拾取表面"。将凹槽曲面拾取出来作为加工曲面，结果如图5-61所示。

加工曲面

轮廓线

图5-61　加工轮廓及曲面生成

③ 在加工功能选项卡中，单击"三轴加工"中的"曲面区域精加工"图标 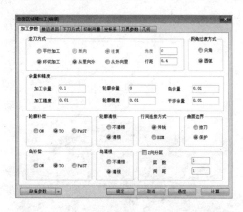，打开"曲面区域精加工（编辑）"→"加工参数"设置对话框，具体参数设置如图5-62所示。

④ 参数均设置好后，单击"确定"按钮，拾取凹槽里边的面为加工对象，鼠标右键结束曲面拾取，拾取完曲面后系统提示：拾取轮廓，拾取到一条轮廓线后，系统给出表示轮廓线拾取方向的双箭头，要求用户选择拾取方向。按照箭头方向的指示选取轮廓线。

⑤ 轮廓完全封闭后，系统接着提示：拾取第1个岛。如果没有岛屿，鼠标右键结束岛的拾取。即可生成"曲面区域精加工"轨迹，结果如图5-63所示。

⑥ 单击"阵列"按钮0，从立即菜单中选择"圆形""均布"，份数为6。提示"拾取元素"时，单击"曲面区域精加工轨迹"轨迹。当提示"捕捉中心点"时，单击坐标原点，即可生成六个相同的"曲面区域精加工轨迹"轨迹，结果如图5-64所示。

图 5-62 曲面区域精加工参数设置

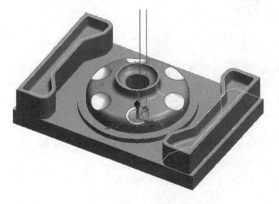

图 5-63 曲面区域精加工轨迹

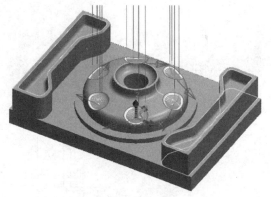

图 5-64 阵列曲面区域精加工轨迹

拓 展 练 习

1. 应用轮廓线精加工、区域式粗加工和孔加工命令加工如图5-65所示的零件，台体零件模型如图5-66所示。

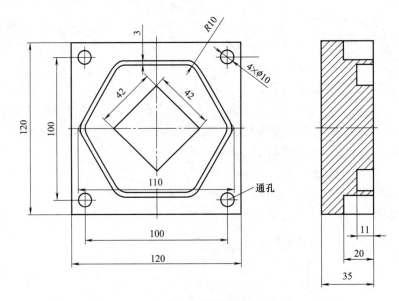

图5-65 台体零件尺寸

图5-66 台体零件模型

2. 创建如图5-67所示零件的凹模，并应用扫描线粗加工该凹模。

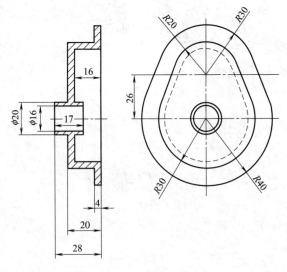

图5-67 凹模零件

第六章

可乐瓶底模具零件的设计与加工

本章是通过可乐瓶底曲面造型和凹模型腔造型设计，学习CAXA制造工程师2016中直纹面、网络面、曲面裁剪除料等曲面造型和实体造型功能；通过可乐瓶底凹模型腔零件的粗精加工，学习CAXA制造工程师2016中等高线粗加工、等高线精加工、轨迹仿真、后置处理、程序代码生成等加工功能。

◎ **技能目标**

· 巩固直纹面、网络面等曲面生成的方法。

· 巩固曲面裁剪除料实体造型方法。

· 掌握等高线粗加工及轨迹仿真方法。

· 掌握等高线精加工及轨迹仿真方法。

· 掌握后置处理、程序代码生成方法。

［实例6-1］ 可乐瓶底模具零件的设计

按图6-1所示的模型尺寸图完成可乐瓶底曲面造型和凹模型腔造型设计，如图6-2所示。

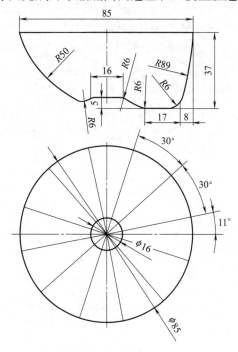

图6-1 可乐瓶底曲面模型尺寸图

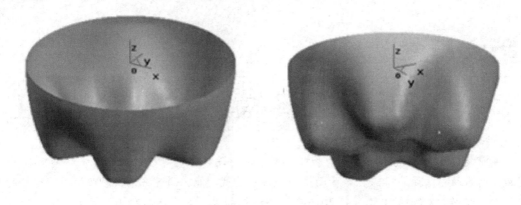

图6-2 可乐瓶底曲面造型

如图6-1所示，可乐瓶底的表面主要由曲面构成，造型比较复杂。由于直接用实体造型不能完成，所以先利用CAXA制造工程师2016强大的曲面造型功能做出曲面，再利用曲面裁剪除料生成凹模型腔。可乐瓶底的侧表面可以用网格面来生成，因为是由五个完全相同的部分组成的，我们只要做出一个凸起的两根截面线和一个凹进的一根截面线，然后进行环形阵列就可以得到其他几个凸起和凹进的所有截面线，最后使用网格面功能生成曲面。可乐瓶底的最下面的平面我们使用直纹面中的"点＋曲线"方式来做，这样做的好处是在做加工时两张面（直纹面和网格面）可以一同用参数线加工。最后以瓶底的上口为准，构造一个立方体实体，然后用可乐瓶底的两张面把不需要的部分裁剪掉，就可以得到我们要求的凹模型腔实体。

双击桌面图标![icon]，进入CAXA制造工程师2016操作界面。移动光标至特征树栏左下角，选择"特征管理"，显示零件特征栏，进入造型界面。

① 按下F7键将绘图平面切换到*XOZ*平面。

② 在曲线选项卡中，单击曲线生成栏中的"矩形"按钮![icon]，在立即菜单中选择"中心_长_宽"方式，输入长度42.5，宽度37，输入（21.25，0，–18.5）为中心点，绘制一个42.5mm×37mm的矩形。如图6-3所示。

③ 在曲线选项卡中，单击"等距线"按钮![icon]，在立即菜单中输入距离3，拾取矩形的最上面一条边，选择向下箭头为等距方向，生成距离为3的等距线。相同的等距方法，生成如图6-4所示尺寸标注的各个等距线。

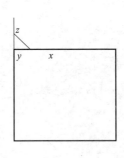

图6-3 矩形图

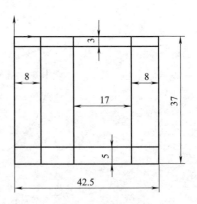

图6-4 作等距线

④ 在曲线选项卡中，单击曲线编辑生成栏中"裁剪"按钮 ✂，拾取需要裁剪的线段，然后在常用选项卡中，单击"删除"按钮 ✎，拾取需要删除的直线，按右键确认删除，结果如图6-5所示。

⑤ 作过 $P1$、$P2$ 点且与直线 $L1$ 相切的圆弧。在曲线选项卡中，单击曲线生成栏中的"圆弧"按钮 ╱，选择"两点_半径"方式，拾取 $P1$ 点和 $P2$ 点，然后按空格键在弹出的点工具菜单中选择"切点"命令，拾取直线 $L1$，输入半径89。

⑥ 作过 $P4$ 点且与直线 $L2$ 相切，半径为6的圆 $R6$。在曲线选项卡中，单击曲线生成栏中的"整圆"按钮 ⊕，拾取直线 $L2$，切换点工具为"缺省点"命令，然后拾取 $P4$ 点，按回车键输入半径6。

⑦ 作过直线端点 $P3$ 和圆 $R6$ 的切点的直线。在曲线选项卡中，单击曲线生成栏中的"直线"按钮 ╱，拾取 $P3$ 点，切换点工具菜单为"切点"命令，拾取圆 $R6$ 上一点，得到切点 $P5$。结果如图6-6所示。

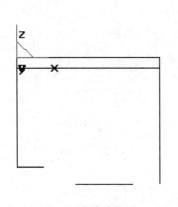

图6-5　曲线编辑图

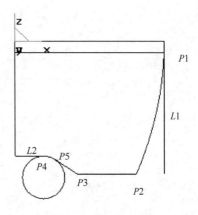

图6-6　作 $R6$ 切圆弧

⑧ 作与圆 $R6$ 相切过点 $P5$，半径为6的圆 $C1$。在曲线选项卡中，单击曲线生成栏中的"整圆"按钮 ⊕，选择"两点_半径"方式，切换点工具为"切点"命令，拾取 $R6$ 圆。切换点工具为"端点"，拾取 $P5$ 点。按回车键输入半径6。如图6-7所示。

⑨ 作与圆弧 $C4$ 相切，过直线 $L3$ 与圆弧 $C4$ 的交点，半径为6的圆 $C2$。在曲线选项卡中，单击曲线生成栏中的"整圆"按钮 ⊕，选择"两点_半径"方式，切换点工具为"切点"命令，拾取圆弧 $C4$。切换点工具为"交点"命令，拾取 $L3$ 和 $C4$ 得到它们的交点。按回车键输入半径6。如图6-7所示。

⑩ 作与圆 $C1$ 和 $C2$ 相切，半径为50的圆弧 $C3$。在曲线选项卡中，单击曲线生成栏中的"圆弧"按钮 ╱，选择"两点_半径"方式，切换点工具为"切点"命令，拾取圆 $C1$ 和 $C2$，按回车键输入半径50。结果如图6-7所示。

⑪ 在常用选项卡中，单击几何变换栏的"平移"按钮 ⟳，选择"拷贝"方式，复制一条圆弧 $C4$。在圆弧 $C4$ 上单击鼠标右键选择"隐藏"命令，将一条隐藏。

⑫ 在曲线选项卡中，单击曲线编辑生成栏中的"裁剪"按钮 ✂，取掉不需要的部分。结果如图6-8所示。

⑬ 按下F5键将绘图平面切换到*XOY*平面，然后再按F8键显示其轴侧图。

⑭ 在常用选项卡中，单击几何变换栏的"平面旋转"按钮⊕，在立即菜单中选择"拷贝"方式，输入角度41.10°，拾取坐标原点为旋转中心点，然后框选所有线段，单击右键确认，结果如图6-9所示。

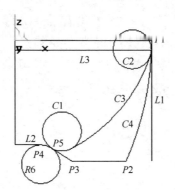

图6-7 作*R*50mm切圆弧

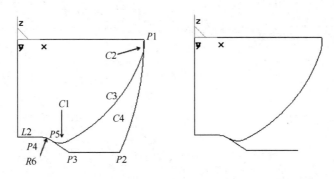

图6-8 曲线编辑

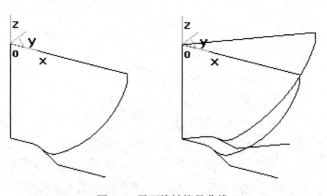

图6-9 平面旋转拷贝曲线

⑮ 在常用选项卡中，单击"删除"按钮✎，删掉不需要的部分。按下"Shift＋方向键"旋转视图，观察生成的第一条截面线。在曲线选项卡中，单击曲线编辑生成栏中的"曲线组合"按钮⤵，拾取截面线，选择方向，将其组合为一条样条曲线。结果如图6-10所示。

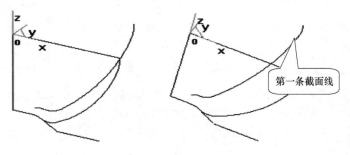

图6-10　组合截面线

⑯ 按F7将绘图平面切换到 *XOZ* 面内。在常用选项卡中，单击"元素可见"按钮 ，显示前面隐藏掉的圆弧 *C*4，并拾取确认。然后拾取第一条截面线单击右键选择"隐藏"命令，将其隐藏掉。结果如图6-11（a）所示。

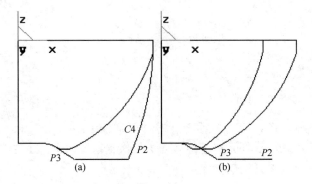

图6-11　隐藏截面线

⑰ 在常用选项卡中，单击"删除"按钮 ，删掉不需要的线段。在曲线选项卡中，单击"曲线过渡"按钮 ，选择"圆弧过渡"方式，半径为6，对 *P*2、*P*3 两处进行过渡，如图6-11（b）所示。

⑱ 在曲线选项卡中，单击曲线编辑生成栏中的"曲线组合"按钮 ，拾取第二条截面线，选择方向，将其组合为一条样条曲线。结果如图6-12所示。

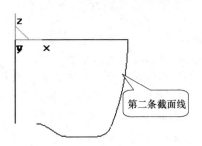

图6-12　组合第二条截面线

⑲ 按下F5键将绘图平面切换到 *XOY* 平面，然后再按F8显示其轴侧图。

⑳ 在曲线选项卡中，单击曲线生成栏中的"整圆"按钮 ，选择"圆心_半径"方式，以 *Z* 轴方向的直线两端点为圆心，拾取截面线的两端点为半径，绘制如图6-13（a）所示的

两个圆。

㉑ 删除多余线段。在常用选项卡中，单击"元素可见"按钮 💡 ，显示前面隐藏的第一条截面线 C4。

㉒ 在常用选项卡中，单击几何变换栏的"平面旋转"按钮 🔧 ，在立即菜单中选择"拷贝"方式，输入角度 11.2°，拾取坐标原点为旋转中心点，拾取第二条截面线，单击右键确认。结果如图6-13（b）所示。

㉓ 在常用选项卡中，单击几何变换栏的"阵列"按钮 ⊞ ，选择"圆形"阵列方式，份数为5，拾取三条截面线，单击鼠标右键确认，拾取原点（0，0，0）为阵列中心，按鼠标右键确认，立刻得到如图6-14结果。

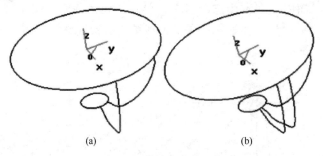

(a)   (b)

图6-13　旋转拷贝截面线

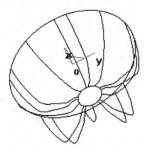

图6-14　阵列生成截面线

㉔ 按F5键进入俯视图，在曲面选项卡中，单击曲面生成栏中的"网格面" 🔶 按钮，依次拾取U截面线共2条，按鼠标右键确认。再依次拾取V截面线共15条，如图6-15所示。按右键确认，生成网格曲面。结果如图6-16所示。

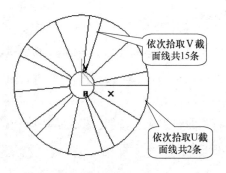

依次拾取V截面线共15条

依次拾取U截面线共2条

图6-15　拾取截面线

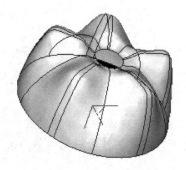

图6-16　网格曲面生成

㉕ 底部中心部分曲面可以用两种方法来作：裁剪平面和直纹面（点+曲线）。这里用直纹面"点+曲线"来做，这样的好处是在做加工时，两张面（网格面和直纹面）可以一同用参数线来加工，而面裁剪平面不能与非裁剪平面一起来加工。

㉖ 在曲面选项卡中，单击曲面生成栏中的"直纹面"按钮 ⬛ ，选择"点+曲线"方式。按空格键在弹出的点工具菜单中选择"圆心"命令，拾取底部圆，先得到圆心点，再拾取圆，直纹面立即生成，结果如图6-17所示。

㉗ 在设置选项卡中，单击"拾取过滤设置"按钮 ▼ ，取消图形元素的类型中的"空间曲面"项。然后选择"编辑"→"隐藏"命令，框选所有曲线，按右键确认，就可以将线框全部隐藏掉。

㉘ 在CAXA制造工程师中利用"曲面裁剪除料"是使实体获得曲面表面的重要方法。先以瓶底的上口为基准面，构造一个立方体实体，然后用可乐瓶底的两张面（网格面和直纹面）把不需要的部分裁剪掉，得到我们要求的凹模型腔。

单击特征树中的"平面XOY"，选定平面XOY为绘图的基准面。在曲线选项卡中，单击"绘制草图"按钮 🖉，进入草图状态，在选定的基准面XOY面上绘制草图。

㉙ 在曲线选项卡中，单击曲线工具栏中的"矩形"按钮 ▭，选择"中心_长_宽"方式，输入长度120，宽度120，拾取坐标原点（0，0，0）为中心，得到一个120×120的正方形，如图6-18所示。

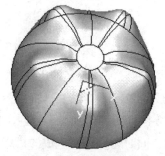

图6-17　生成直纹面

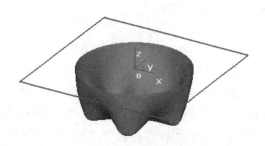

图6-18　绘制草图

㉚ 在特征选项卡中，单击特征生成工具栏中的"拉伸"按钮 🖪，在弹出的"拉伸"对话框中，输入深度为50，选中"反向拉伸"复选框，单击"确定"得到立方实体。

㉛ 在设置选项卡中，单击"拾取过滤设置"按钮 ▼，在弹出的对话框中的"拾取时的导航加亮设置"项选中"加亮空间曲面"，这样当鼠标移到曲面上时，曲面的边缘会被加亮。同时为了更加方便拾取，在显示选项卡中，单击"显示线架"按钮 ⬡，退出真实感显示，进入线架显示，可以直接点取曲面的网格线。

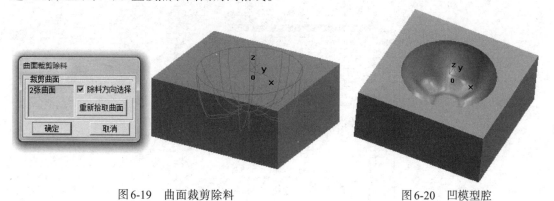

图6-19　曲面裁剪除料　　　　　　　　　　图6-20　凹模型腔

㉜ 在特征选项卡中，单击特征生成工具栏中的"曲面裁剪除料"按钮 ⬡，拾取可乐瓶底的两个曲面，选中对话框中"除料方向选择"复选框，切换除料方向为向里，以便得到正确的结果。如图6-19所示。

㉝ 单击"确定"，曲面除料完成。选择"编辑"→"隐藏"命令，拾取两个曲面将其隐藏掉。然后在显示选项卡中，单击"真实感显示"按钮 ⬡，造型结果如图6-20所示。

［实例6-2］ 可乐瓶底模具零件数控加工与仿真

因为可乐瓶底凹模型腔的整体形状较为陡峭，所以粗加工采用等高线粗加工方式。然后采用等高线精加工方式对凹模型腔中间曲面进行精加工。

双击桌面图标 ![icon]，进入CAXA制造工程师2016操作界面。移动光标至特征树栏左下角，选择"轨迹管理"，显示零件轨迹管理栏，进入加工轨迹生成界面。

一、加工前的准备工作

① 设定加工毛坯。在常用选项卡中，单击毛坯工具栏中的"毛坯定义"按钮 ![icon]，弹出"毛坯定义"对话框。选择"参照模型"，单击"确定"按钮，完成毛坯的定义。

② 后置处理。后置处理就是结合特定机床把系统生成的二轴或三轴刀具轨迹转化成机床能够识别的G代码指令，生成的G指令可以直接输入数控机床用于加工。针对不同的机床，可以设置不同的机床参数和特定的数控代码程序格式，同时还可以对生成的机床代码的正确性进行校核。

在加工选项卡中，单击后置处理工具栏中的"设备编辑"按钮 ![icon]，弹出"选择后置配置文件"对话框，如图6-21所示。选择对应的数控文件系统，然后点击"编辑"（或双击打开），弹出CAXA后置配置对话框，如图6-22所示。

图6-21 选择后置配置文件对话框

在该对话框中可以对选择编辑的设备的参数进行相关调整。不同的数控系统，设置特定的数控代码、数控程序格式及参数，并生成配置文件。生成数控程序时，系统根据该配置文件的定义生成用户所需要的特定代码格式的加工指令。

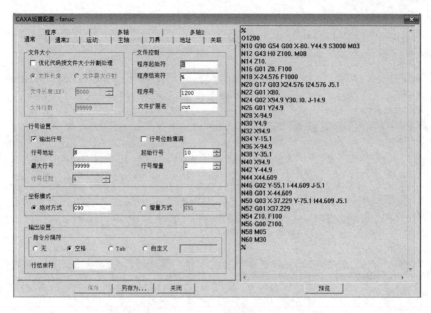

图 6-22 CAXA后置配置对话框

G 代码程序示例：下面给出按照 fanuc 系统程序格式设置，后置处理所生成的数控程序。

% 程序起始符号

N10 G90G54G00Z30.000；程序头，建立工作坐标系

N11 T0101；换1号刀具

N12 G43 H01；长度正补偿

N14 M03 S100；

N16 X–42.6 Y–1.100；

N18 Z20.000；

N20 G01 Z–2.000 F10；

N22 X–20.400Y 14.500 F10；

N24 Z20.000 F10；

N26 G00 Z30.000；

N28 M05；

N30 T0202；换2号刀具

N31 G43 H01；长度正补偿

N32 M03 S100；

N33 G00 X–6.129 Y–3.627；

N34 Z20.000；

N36 G01 Z0.000 F10；

N38 G02 X15.000 Y–8.100 I9.329 J–8.073 F10；

N40 G01 Z20.000 F10；

N42 G00 Z30.000；

N44 G49 M05；取消长度补偿，主轴停转

N46 G28 Z0.0；机床回零

N48　X0.0　Y0.0；

N46　M30；程序结束

％程序结束符

针对特定的机床，结合已经设置好的机床配置，对后置输出的数控程序的格式，如程序段行号、程序大小、数据格式、编程方式、圆弧控制方式等进行设置。

二、可乐瓶底凹模型腔粗加工

① 在加工选项卡中，单击三轴加工工具栏中的"等高线粗加工"按钮 。弹出"等高线粗加工（编辑）"对话框，如图6-23所示。此功能生成分层等高式粗加工轨迹。加工方向选择顺铣；优先策略选择层优先；Z向每加工层的切削深度（层高）为1；加工余量为0.4。

② 单击"区域参数"标签：选择使用拾取瓶口的边界曲线；刀具位于边界的内侧，如图6-24所示。

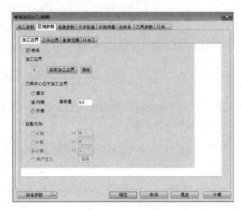

图6-23　等高线粗加工（编辑）对话框　　　图6-24　区域参数设置

③ 单击"刀具参数"标签：选择D6的球头铣刀。

④ 其余参数为系统默认。单击"确定"按钮，单击左键拾取加工对象为实体模型，单击右键，结束拾取加工对象。单击左键拾取型腔的边界为加工边界，并单击左键指定加工边界的链搜索方向，继续单击右键，系统进行刀路轨迹运算，结果如图6-25所示。

⑤ 在加工选项卡中，单击仿真工具栏中的"实体仿真"按钮 ，单击左键拾取等高线粗加工轨迹，单击右键拾取结束，开始实体仿真，如图6-26所示。

图6-25　等高线粗加工刀路轨迹　　　图6-26　等高线粗加工刀路轨迹仿真

⑥ 在加工选项卡中，单击后置处理工具栏中的"后置处理"按钮 **G**，弹出"生成后置代码"对话框，如图6-27所示。选择对应的数控系统，选择对应的打开生成后置文件的可执行文件等，最终生成等高线粗加工G代码。如图6-28所示。

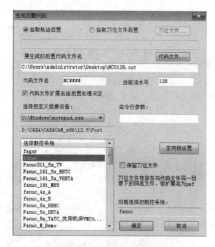

图6-27　生成后置代码对话框

图6-28　等高线粗加工G代码

⑦ 拾取粗加工刀具轨迹，单击右键选择"隐藏"命令，将粗加工轨迹隐藏掉，以便观察下面的精加工轨迹。

三、可乐瓶底凹模型腔精加工

本实例精加工可以采用多种方式，如参数线精加工、等高线精加工等。下面以等高线精加工为例介绍软件的使用方法。

① 在加工选项卡中，单击三轴加工工具栏中 "等高线精加工"按钮，弹出"等高线精加工（编辑）"对话框，如图6-29所示，此功能生成等高线加工轨迹。加工方向选择顺铣；优先策略选择层优先；Z向每加工层的切削深度（层高）为1；加工余量为0。

② 单击"区域参数"标签：选择使用拾取已有的边界曲线；刀具位于边界的内侧，如图6-30所示。

图6-29　等高线精加工（编辑）对话框

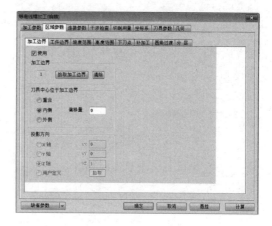

图6-30　区域参数设置

③ 单击"刀具参数"标签：选择D3的球头铣刀。

④ 单击"确定"按钮，单击左键拾取加工对象为实体模型，单击右键，结束拾取加工对象。单击右键确认，单击左键拾取型腔的边界为加工边界，并单击左键指定链搜索方向，继续单击右键，系统进行刀路运算，结果如图6-31所示。

⑤ 在加工选项卡中，单击仿真工具栏中的"实体仿真"按钮，单击左键拾取等高线粗加工轨迹和等高线精加工轨迹，单击右键拾取结束，开始实体仿真，如图6-32所示。

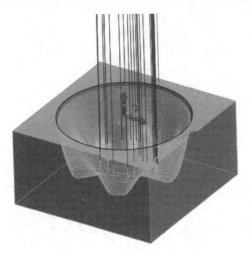
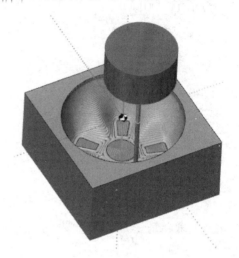

图6-31　等高线精加工轨迹　　　　图6-32　可乐瓶底凹模型腔粗、精加工轨迹仿真

⑥ 生成G代码。在加工选项卡中，单击后置处理工具栏中的"后置处理"按钮，弹出"生成后置代码"对话框，如图6-33所示。选择对应的数控系统，选择对应的打开生成后置文件的可执行文件等，最终生成等高线精加工G代码。如图6-34所示。

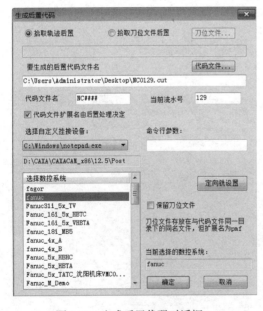
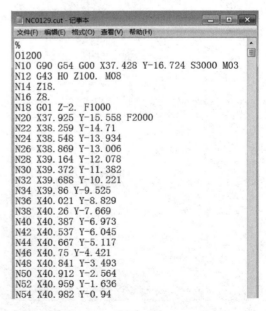

图6-33　生成后置代码对话框　　　　图6-34　生成等高线精加工G代码

拓 展 练 习

1.应用等高线粗加工和参数线精加工作花瓶凸模加工轨迹，如图6-35所示。

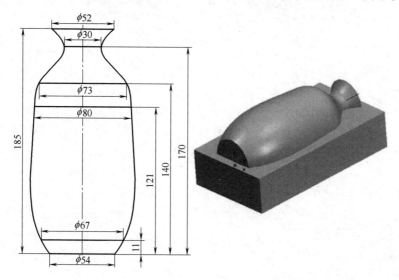

图6-35　花瓶凸模

2.按下列某香皂模型图尺寸造型并编制CAM加工程序，过渡半径为15mm，如图6-36所示。

香皂模型的毛坯尺寸为：100mm×80mm×25mm，材料为铝材。

① 直径为ϕ8mm的端铣刀做等高线粗加工。

② 直径为ϕ10mm、圆角为R2mm的圆角铣刀做等高线精加工。

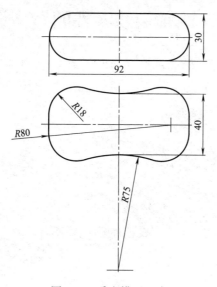

图6-36　香皂模型尺寸

第七章

回转曲面类零件的四轴加工与仿真

随着数控技术的发展，多轴加工零件也在实际生产中得到广泛的使用。CAXA的四轴加工是指除X、Y、Z三个线性轴之外，再增加附加线性轴或回转轴的加工。四轴加工主要包括四轴粗加工、四轴精加工、四轴柱面曲线加工、四轴平切面加工、四轴平切面加工2五个部分，用于生成四轴加工轨迹。本章通过四轴刻线零件的造型设计和槽轴零件的造型设计，学习CAXA制造工程师2016中公式曲线的运用、线面映射、构造基准面、拉伸增料、放样增料和环形阵列实体造型功能；通过四轴刻线零件的加工和槽轴零件的粗精加工，学习CAXA制造工程师2016中四轴柱面曲线加工、四轴平切面加工、轨迹仿真、后置处理、程序代码生成等加工功能。

◎ **技能目标**

· 巩固公式曲线的运用及线面映射的方法。
· 巩固构造基准面的方法。
· 巩固拉伸增料、放样增料和环形阵列实体造型方法。
· 掌握四轴曲线加工及轨迹仿真方法。
· 掌握四轴平切面加工及轨迹仿真方法。
· 掌握后置处理、程序代码生成方法。

［实例7-1］　四轴刻线零件的造型设计与加工

在直径为39mm、长度为96mm的圆柱曲面上加工图7-1所示椭圆线、蜗轨线、弯月线和花曲线并编制其加工程序。

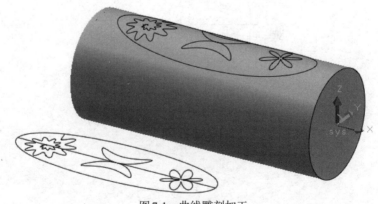

图7-1　曲线雕刻加工

一、绘制零件模型

由图7-1可知，要在圆柱面上绘制椭圆线、蜗轨线、弯月线和花曲线，只能用公式曲线先在XY平面上绘制，然后通过线面映射的方法映射到圆柱曲面上。

① 按F5键，在曲线选项卡中，单击曲线生成栏中的"直线"图标　，在立即菜单中选择"水平/铅垂线""水平"方式，绘制长度80mm的水平线，同样绘制长度27mm的铅垂线。单击曲线生成栏中的"椭圆"按钮　，捕捉椭圆中心位置O，捕捉长轴端点A，捕捉短轴端点B，椭圆生成。如图7-2所示。

> **技巧：** 画中心辅助线可以用"直线"命令中"水平+铅垂"方法。这种方法在开始作图时经常用到。

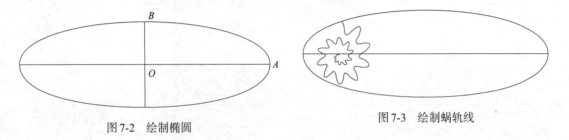

图7-2　绘制椭圆　　　　　　　　　图7-3　绘制蜗轨线

② 单击蜗轨线，给出参数及参数方式，单击"确定"按钮，给出蜗轨线定位点，完成操作。如果绘制出的蜗轨线太大，可以在常用选项卡中，单击几何变换生成栏中的"缩放"图标　，设置缩放比例，若选择移动，捕捉图形中点作为基点，拾取需缩放的蜗轨线，按右键确认，缩放完成。如图7-3所示。在曲线选项卡中，单击曲线生成栏中的"公式曲线"图标　，弹出"公式曲线"对话框，如图7-4所示。

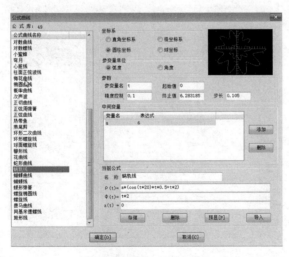

图7-4　公式曲线对话框

③ 在曲线选项卡中，单击曲线生成栏中的"公式曲线"图标　，弹出"公式曲线"对话框，如图7-5。单击弯月，给出参数及参数方式，单击"确定"按钮，给出弯月线定位点，完成操作。如图7-6所示。

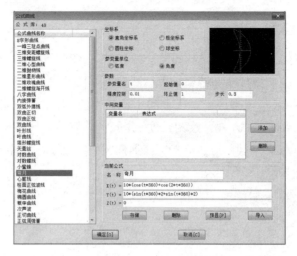

图7-5　公式曲线对话框

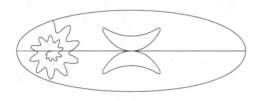

图7-6　绘制弯月线

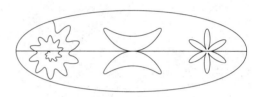

图7-7　绘制花曲线

④ 单击花曲线，给出参数及参数方式，单击"确定"按钮，给出花曲线定位点，完成操作。如图7-7所示。在曲线选项卡中，单击曲线生成栏中的"公式曲线"图标 $f_{(x)}$，弹出"公式曲线"对话框，如图7-8所示。

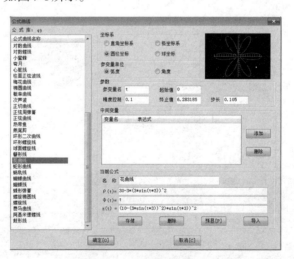

图7-8　公式曲线对话框

⑤ 按F9键切换到 YOZ 坐标面，在曲线选项卡中，单击曲线生成栏中的"圆"图标 ⊙，在立即菜单中选择"圆心_半径"方式，绘制 $R19.5$mm的圆。在曲线选项卡中，单击曲线生成栏中的"直线"图标 ✎，绘制长度为96mm的水平线，如图7-9所示。

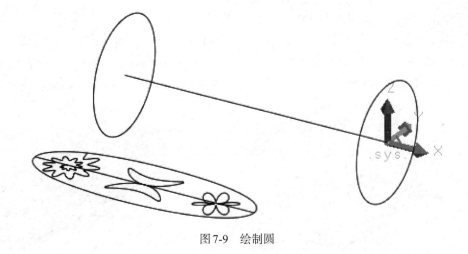

图7-9　绘制圆

⑥ 在曲面选项卡中，单击曲面生成栏中的"导动面"图标▣，在立即菜单中选择"平行"方式，选择单截面线。拾取水平导动线，并选择导动方向向左，拾取截面线圆，生成圆柱导动面。如图7-10所示。

⑦ 在曲面选项卡中，单击曲面生成栏中的"平面"图标◿，拾取平面外轮廓线，并确定链搜索方向，选择箭头方向即可。内轮廓线没有，单击鼠标右键，完成圆面操作。如图7-11所示。

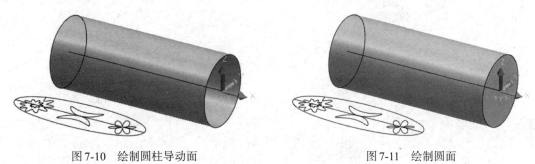

图7-10　绘制圆柱导动面　　　　　　　　　图7-11　绘制圆面

⑧ 在曲线选项卡中，单击曲线生成栏中的"线面映射"图标▩，弹出"线面映射"对话框。如图7-12所示。线面映射是将曲线以映射的方式贴到曲面上。单击平面映射线，拾取映射曲线，拾取映射基点 A，然后单击映射曲面，拾取映射曲面，拾取映射曲面基点 B，单击"确定"按钮，退出"线面映射"对话框，完成操作。如图7-13所示。

> **注意**：a.在 XY 平面绘制曲线过程中长度值一定要小于等于曲面造型中圆的周长，宽度值要小于等于曲面的高度，即 XY 平面上的图形不能超出曲面区域。
> b.映射曲线目前只支持 XY 平面内的映射曲线。

二、四轴刻线加工

在圆柱面上加工曲线可以用四轴柱面曲线加工功能。

① 选择屏幕左侧特征树的"加工管理"页框，双击特征树中的"毛坯"，弹出"毛坯定义"对话框。如图7-14所示。选择圆柱形毛坯类型，单击参照模型，修改高度为96，半径

为19.5。单击"确定"按钮，毛坯定义完成。

② 在加工选项卡中，单击四轴加工生成栏中的"四轴柱面曲线加工"图标，弹出"四轴柱面曲线加工（编辑）"对话框，如图7-15。四轴柱面曲线加工是根据给定的曲线，生成四轴加工轨迹。多用于回转体上加工槽。铣刀刀轴的方向始终垂直于第四轴的旋转轴。加工深度0.3，采用直径为1mm的立铣刀。

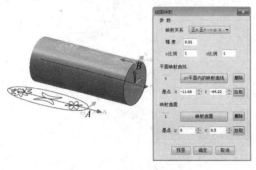

图7-12　线面映射对话框

图7-13　绘制映射曲线

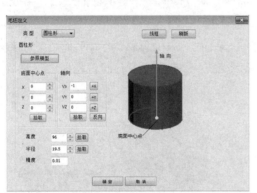

图7-14　毛坯定义对话框

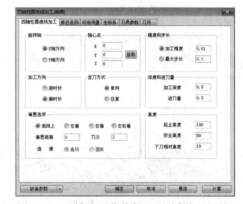

图7-15　四轴柱面曲线加工（编辑）对话框

参数都设置好后，单击"确定"按钮。当系统提示"拾取曲线"时，单击其中椭圆曲线。当系统提示"确定链拾取方向"时，单击其中的一个方向。当系统提示"选取加工侧边"时，单击向上的箭头，即可完成椭圆曲线加工轨迹的生成，结果如图7-16所示。四轴柱面曲线加工轨迹仿真如图7-17所示。

> **注意：** 生成加工代码时后置请选用 fanuc_4axis_A 或 fanuc_4axis_B 两个后置文件。

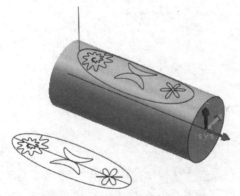

图7-16　四轴柱面曲线加工轨迹

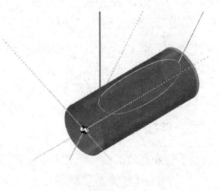

图7-17　四轴柱面曲线加工轨迹仿真

③ 用同样方法完成其他四条曲线的加工，完成后的结果如图7-18所示。四轴柱面曲线加工轨迹仿真如图7-19所示。

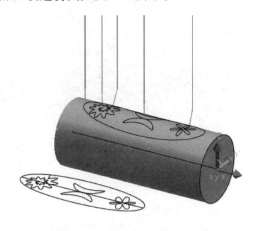

图7-18　四轴柱面曲线加工轨迹

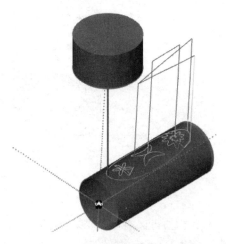

图7-19　四轴柱面曲线加工轨迹仿真

④ 生成G代码。在加工选项卡中，单击后置处理工具栏中的"后置处理"按钮**G**，弹出"生成后置代码"对话框，如图7-20所示。选择对应的四轴数控系统，如fanuc_4x_A，选择对应的打开生成后置文件的可执行文件等，拾取前面生成的曲线加工轨迹，最终生成四轴柱面曲线加工G代码。如图7-21所示。

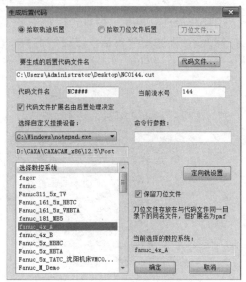

图7-20　生成后置代码对话框

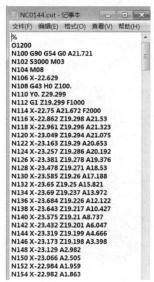

图7-21　生成四轴柱面曲线加工G代码

［实例7-2］　槽轴零件的造型设计与加工

完成如图7-22所示槽轴的三维实体造型和加工。

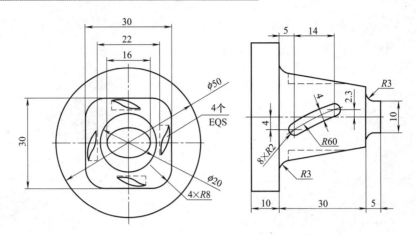

图7-22 槽轴零件尺寸

从图7-22可以看出，槽轴零件由三部分组成：ϕ50mm×10mm圆柱体、放样体上的四个卡槽和长度为5mm的椭圆柱。

一、槽轴零件实体造型

① 在左边"特征管理"栏中选择"零件特征"，单击拾取 YZ 平面，单击曲线选项卡中的"绘制草图"按钮 ✐ ，进入草图状态。

② 按F5键，把绘图平面切换至 XY 平面，在曲线选项卡中单击"圆"按钮 ⊕ ，以平面坐标原点为圆心作直径为50mm的圆，单击"绘制草图"按钮 ✐ ，退出草图状态。

③ 在特征选项卡中，单击"拉伸增料"按钮 🗔 ，在弹出的对话栏里设置参数。

④ 单击"确定"按钮，即可完成 ϕ50mm×10mm圆柱体的创建，结果如图7-23所示。

图7-23 创建圆柱体

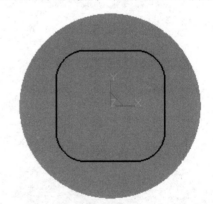

图7-24 绘制草图

⑤ 单击 ϕ50mm×10mm圆柱体的右端面，单击右键，在弹出的菜单中单击选择"创建草图"，进入草图状态。

⑥ 按F5键，切换草图绘图平面至 XY 平面后，运用"矩形""倒圆角"按钮，绘制出图7-24所示的草图。

⑦ 单击"绘制草图"按钮 ✐ ，退出草图。

⑧ 在特征选项卡中，单击"构造基准面"按钮，选择"等距平面确定基准平面"项，输入距离30，单击 ϕ50mm×10mm圆柱体的右端面，单击"确定"按钮后，即可生成新的基准面，如图7-25所示。

⑨ 单击新基准面，单击"绘制草图"按钮，进入草图状态，绘制草图。

⑩ 单击"圆"按钮，以坐标原点为圆心绘制 ϕ20mm圆，如图7-26所示。

⑪ 单击"绘制草图"按钮，退出草图。

⑫ 在特征选项卡中，单击"放样增料"按钮，弹出"放样增料"对话框后，依次拾取刚绘制好的两个草图。单击"确定"按钮后，即可生成放样增料特征体，如图7-27所示。

⑬ 倒圆角。在特征选项卡中，单击"过渡"按钮，设置"过渡"的半径为3，单击" ϕ50mm×10mm圆柱体"与"放样增料实体"相接的任一边线，单击"确定"按钮即可完成R3mm圆角过渡，如图7-28所示。

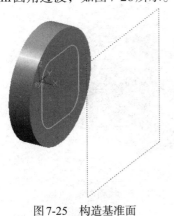

图7-25　构造基准面　　　　　　　　图7-26　绘制 ϕ20mm圆

图7-27　放样增料实体　　　　　　　图7-28　圆角过渡

⑭ 把放样体及R3mm圆角生成曲面。在曲面选项卡中，单击"实体表面"按钮，单击放样体表面和R3mm圆角，单击右键，即可生成曲面，如图7-29所示。

⑮ 选择主菜单中的"编辑/隐藏"，框选刚生成的曲面，单击右键，即可隐藏曲面。

⑯ 生成平行于XY平面上的一个卡槽。

生成一个基准面，与XY平面的距离为11mm。选择生成后的基准平面为基准面作草图。运用"圆弧"等命令绘制图。单击"绘制草图"按钮，退出草图，如图7-30所示。单击"拉伸除料"按钮，在弹出的对话框中设置参数后，单击"确定"按钮，即可生成图7-31所示的实体。

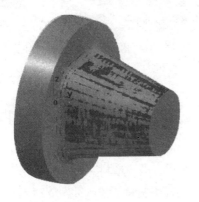

图7-29　生成放样曲面

图7-30　绘制卡槽草图

图7-31　拉伸除料实体

图7-32　阵列卡槽实体

⑰ 阵列刚生成的卡槽。

在图形中心创建一条直线，如图7-32所示。在特征选项卡中，单击"环形阵列"按钮
![按钮]，在弹出的对话框中设置参数。其中，阵列对象选择刚生成的卡槽，基准轴为刚创建的
直线，角度为90°，数目为4。单击"确定"按钮，结果如图7-32所示。

创建长度为5mm的椭圆柱及R3mm圆角，在此不再详述，结果如图7-33所示。单击
"实体表面"按钮![按钮]，单击椭圆柱表面和R3mm圆角，单击右键，即可生成曲面，如图7-34
所示。

图7-33　椭圆柱放样实体

图7-34　生成放样曲面

实体造型完成后，用"四轴平切面加工"加工圆台曲面，用"四轴曲线加工"加工四个卡槽内部，最后通过后置处理生成加工程序。

二、圆台曲面加工

① 在加工选项卡中，单击四轴加工生成栏中的"四轴平切面加工"命令 ，打开"四轴平切面加工（创建）"对话框，如图7-35所示。四轴平切面加工是用一组垂直于旋转轴的平面与被加工曲面的等距面求交而生成四轴加工轨迹的方法。多用于加工旋转体及上面的复杂曲面。铣刀刀轴的方向始终垂直于第四轴的旋转轴。

参数都设置好后，单击"确定"按钮。当系统提示"拾取加工对象"时，依次单击拾取所有曲面。当系统提示"拾取进刀点"时，单击椭圆柱最右端的一点。当系统提示"选择加工侧"时，再选择向上的箭头。当系统提示"选择走刀方向"时，单击往里的箭头。当系统提示"选择需要改变加工侧的曲面"时，把每个方向往里的箭头都单击一下，使其往外，单击右键，即可完成轨迹生成，结果如图7-36所示。

图7-35 四轴平切面加工（创建）对话框

图7-36 四轴平切面加工刀具轨迹

② 将之前所有曲面进行隐藏。把卡槽内部中间 $R60$mm 的曲线画出来。

三、卡槽内部加工

① 在常用选项卡中，单击"移动"按钮 ，从立即菜单中选择"偏移量""移动""DZ=4"，单击 $R60$mm 曲线，然后单击右键，即可将曲线向上移动4mm。

② 在常用选项卡中，单击"阵列"按钮 。从立即菜单中选择"圆形""均布""$R60$mm 曲线"，然后单击右键，即可将曲线阵列4份，结果如图7-37所示。

③ 加工方法的选择及加工参数的设定。

在加工选项卡中，单击四轴加工生成栏中的"四轴柱面曲线加工"命令 ，打开"四轴柱面曲线加工（创建）"参数设置栏。四轴柱面曲线加工是根据给定的曲线，生成四轴加工轨迹，多用

图7-37 绘制卡槽曲线

于回转体上加工槽。铣刀刀轴的方向始终垂直于第四轴的旋转轴。

　　具体加工参数如图7-38所示。参数都设置好后，单击"确定"按钮。当系统提示"拾取曲线"时，单击其中一条曲线。当系统提示"确定链拾取方向"时，单击其中的一个方向。当系统再次提示"拾取曲线"，单击右键结束拾取曲线操作。当系统提示"选取加工侧边"时，单击向上的箭头。单击右键，即可完成此槽加工轨迹生成，结果如图7-39（a）所示。

　　① 用同样方法完成其他三条曲线的加工，完成后的结果如图7-39（b）所示。

图7-38　四轴柱面曲线加工参数设置

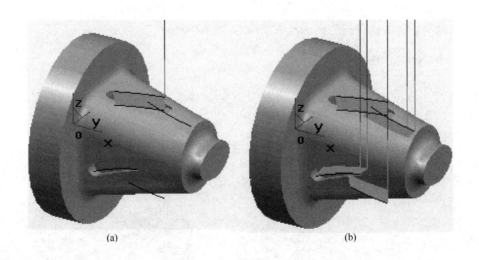

图7-39　四轴曲线加工刀具轨迹

　　⑤ 在加工选项卡中，单击仿真工具栏中的"实体仿真"按钮🔴，单击左键拾取四轴柱面曲线加工轨迹，单击右键拾取结束，开始实体仿真，如图7-40所示。同样单击仿真工具

栏中的"实体仿真"按钮 ●，单击左键拾取四轴曲线加工轨迹，单击右键拾取结束，开始实体仿真，如图7-41所示。

图7-40　四轴柱面曲线加工轨迹仿真　　　　图7-41　四轴曲线加工轨迹仿真

　　⑥ 生成G代码。在加工选项卡中，单击后置处理工具栏中的"后置处理"按钮 **G**，弹出"生成后置代码"对话框，如图7-42所示。选择对应的四轴数控系统，如fanuc_4x_A，选择对应的打开生成后置文件的可执行文件等，最终生成四轴柱面曲线加工G代码。如图7-43所示。

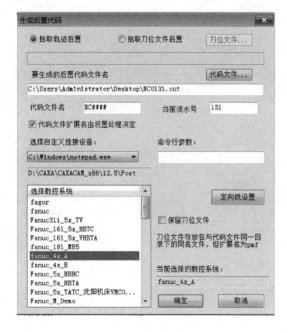

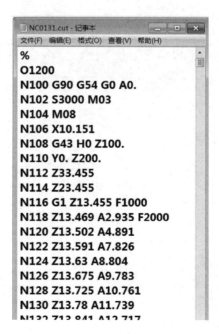

图7-42　生成后置代码对话框　　　　　　　图7-43　生成四轴柱面曲线加工G代码

拓 展 练 习

1.建立并加工图7-44所示的卡槽轴零件模型。

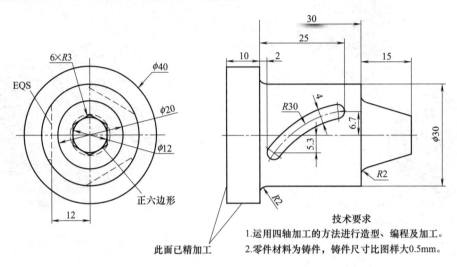

技术要求
1.运用四轴加工的方法进行造型、编程及加工。
2.零件材料为铸件，铸件尺寸比图样大0.5mm。

此面已精加工

图7-44　卡槽轴零件尺寸

2.选择合适的四轴加工方式，编制图7-45所示空间螺旋槽的数控精加工程序。旋转槽槽深h=4，半径r=3。要求沿螺旋槽的方向采用四轴加工该零件，安装在旋转工作台上。

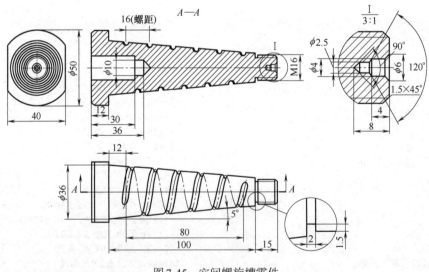

图7-45　空间螺旋槽零件

第八章

鼠标曲面造型设计与五轴加工

本章是通过鼠标曲面造型设计和五轴曲面加工，学习CAXA制造工程师2016中扫描面、导动面、曲面过渡等曲面造型功能；通过鼠标曲面零件的粗精加工，学习CAXA制造工程师2016中等高线粗加工、五轴侧铣加工2、五轴曲面区域加工、轨迹仿真、后置处理、程序代码生成等加工功能。

◎ **技能目标**

· 巩固矩形、圆及圆弧的绘制和编辑方法。

· 巩固扫描面、导动面、曲面过渡等曲面造型方法。

· 掌握五轴侧铣加工2和五轴曲面区域加工方法的综合应用。

· 培养学生具备对复杂曲面自动编程的能力。

· 掌握G代码生成的基本操作方法。

［实例8-1］　鼠标曲面的造型设计

完成如图8-1所示尺寸的鼠标曲面造型设计，并选择合适的加工方法实现自动编程。造型要求：样条曲线型值点坐标分别为（-70，0，20）、（-40，0，25）、（-20，0，30）、（30，0，15）；圆弧在平行于*YOZ*的平面内，半径为100mm。

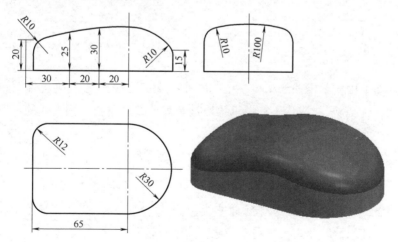

图8-1　鼠标零件尺寸

由图8-1可知鼠标的形状主要是由顶部曲面和轮廓曲面组成的，因此在构造曲面时使用扫描面、导动面生成曲面特征，然后利用曲面过渡生成顶部曲面，完成曲面造型。

① 在曲线选项卡中，单击曲线生成栏中的"矩形"按钮 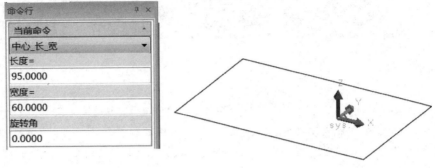，在立即菜单中选择"中心_长_宽"方式，输入长度95和宽度60，按回车键。输入矩形中心坐标（–17.5，0），按回车键确定，矩形生成。如图8-2所示。

图8-2 绘制矩形图形

② 在曲线选项卡中，单击曲线生成栏中的"圆"按钮 ⊕，在立即菜单中选择"三点圆弧"方式。按空格键弹出"点工具"菜单，单击"切点"。依次单击最上面的直线、最右面的直线和下面的直线，就生成与这3条直线相切的圆，如图8-3所示。

③ 在曲线选项卡中，单击曲线编辑栏中的"过渡"按钮 ，在立即菜单中选择"圆弧过渡"，输入半径12，选择裁剪曲线1和曲线2。拾取第一条曲线、第二条曲线，圆弧过渡完成（图8-4）。

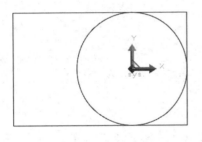

图8-3 绘制圆

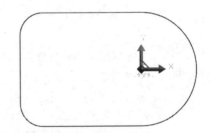

图8-4 绘制 R12mm圆弧过渡

在曲线选项卡中，单击曲线编辑栏中的"曲线裁剪"按钮 ，在立即菜单中选择"快速裁剪"和"正常裁剪"。按状态栏提示拾取被裁剪曲线，单击上面直线的右段，单击下面直线的右段，裁剪完成。

在常用选项卡中，单击常用栏中的"删除"按钮 ，单击右边的直线，按右键确认将其删除。为了以后扫描生成曲面方便，将曲线进行组合。在曲线选项卡中，单击曲线编辑栏中的"曲线组合"按钮 ，选择删除原曲线，按空格键，弹出拾取快捷菜单，选择拾取方式。按状态栏中提示拾取曲线，按右键确认，曲线组合完成。

④ 在曲线选项卡中，单击曲线生成栏中的"样条线"按钮 ，在立即菜单中选择插值方式、缺省切矢、开曲线。按回车键，弹出输入条，输入坐标值（–70，0，20），按回车

键确认。再依次输入坐标点 (−40，0，25)、(−20，0，30)、(30，0，15)，输入完4个点后，按鼠标右键，就会生成一条曲线，如图8-5所示。

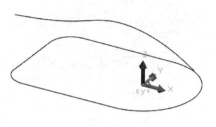

图8-5 绘制样条线

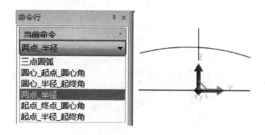

图8-6 绘制 *R*100mm 圆弧

⑤ 按F6键，切换到 *YOZ* 面，在曲线选项卡中，单击曲线生成栏中的"圆弧"按钮 ，在立即菜单中选择"两点_半径"。给定任意第一点，第二点，输入半径100，圆弧生成。如图8-6所示。

⑥ 在常用选项卡中，单击几何变换栏中的平移按钮 ，如图8-7所示。在立即菜单中选取两点方式、平移、非正交。拾取 *R*100mm 圆弧曲线，按右键确认，捕捉圆弧曲线中点为基点，光标就可以拖动图形了，捕捉样条曲线端点为目标点，平移完成。如图8-7所示。

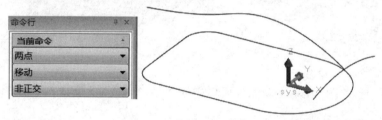

图8-7 平移 *R*100mm 圆弧

⑦ 在曲面选项卡中，单击曲面生成栏中的"导动面"按钮 。并选择"平行导动"方式。拾取导动线，并选择方向。拾取截面曲线，即可生成导动面。如图8-8所示。

如果生成的导动面小了，可以在曲面选项卡中，单击曲面编辑栏中的"曲面延伸"按钮 ，在立即菜单中选择"长度延伸"方式，输入长度10。状态栏中提示"拾取曲面"，单击曲面，延伸完成。

图8-8 生成导动面

⑧ 在曲面选项卡中，单击曲面生成栏中的"扫描面"按钮 。在立即菜单中输入起始距离值0，扫描距离值40，角度值0。按空格键，弹出"矢量工具"菜单，选择"Z轴正方向"，如图8-9所示。单击下面的外形曲线，扫描面生成，如图8-10所示。

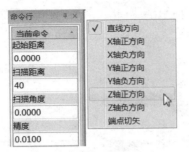

图8-9　工具菜单

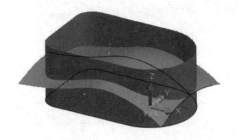

图8-10　生成外轮廓曲面

⑨　在曲面选项卡中，单击曲面编辑栏中的"曲面过渡"按钮，在立即菜单中选择"两面过渡""等半径"和"裁剪两面"，输入半径值10。拾取第一张导动曲面，并选择方向向里。拾取第二张扫描曲面，并选择方向向下，如图8-11所示。

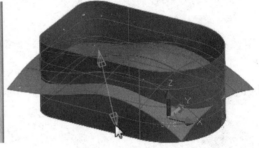

图8-11　生成过渡曲面

图8-12　生成过渡曲面和辅助线

⑩　在曲线选项卡中，单击曲线生成栏中的"矩形"按钮，在立即菜单中选择"中心_长_宽"方式；输入长度105和宽度70，按回车键。输入矩形中心坐标（–17.5，0），按回车键确定，矩形生成。按F9键，在曲线选项卡中，单击曲线生成栏中的直线按钮，在立即菜单中选择两点线、连续、正交，指定长度40，按状态栏提示，捕捉矩形右角点和上面第二点，两点线生成。如图8-12所示。

［实例8-2］　鼠标曲面的五轴加工与仿真

　　根据鼠标凸模造型的特点，考虑到其复杂曲面形状，从设备上可以选用三轴或五轴联动的数控铣床或加工中心来加工，因此整体加工时应该选择等高线粗加工，精加工时应采用五轴侧铣加工2和五轴曲面区域加工，并根据所采用的机床进行刀具轨迹的仿真校验。考虑到零件装夹，根据凸模形状选用机用平口钳装夹。采用直径为6mm的球头铣刀进行粗铣和精铣。

双击桌面图标![icon]，进入CAXA制造工程师2016操作界面。移动光标至特征树栏左下角，选择"轨迹管理"，显示零件轨迹管理栏，进入加工轨迹生成界面。

一、定义毛坯

① 选择屏幕左侧特征树的"加工管理"页框，双击特征树中的"毛坯"，弹出"毛坯定义"对话框。如图8-13所示。

② 选取"拾取两角点"单选框，拾取左下角矩形角点，然后拾取右上角矩形角点直线的上端点，单击"确定"按钮，毛坯定义完成，如图8-14所示。

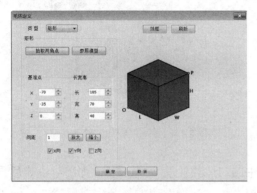

图8-13　毛坯定义对话框

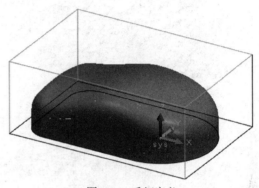

图8-14　毛坯定义

二、鼠标凸模粗加工

① 在加工选项卡中，单击三轴加工工具栏中的"等高线粗加工"按钮![icon]。弹出"等高线粗加工（编辑）"对话框，如图8-15所示。此功能生成分层等高式粗加工轨迹。加工方向选择顺铣；优先策略选择层优先；Z向每加工层的切削深度（层高）为1；加工余量为0.5。

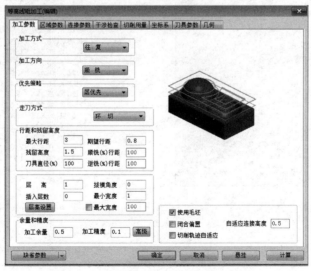

图8-15　等高线粗加工（编辑）对话框

② 其余参数为系统默认。单击"确定"按钮，单击左键拾取加工对象为曲面模型，单击右键，结束拾取加工对象。单击左键拾取矩形的边界为加工边界，并单击左键指定加工边界的链搜索方向，继续单击右键，系统进行刀路轨迹运算，结果如图8-16所示。

③ 在加工选项卡中，单击仿真工具栏中的"实体仿真"按钮 ●，单击左键拾取等高线粗加工轨迹，单击右键拾取结束，开始实体仿真，如图8-17所示。

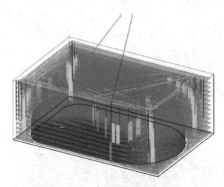

图8-16　等高线粗加工轨迹

图8-17　等高线粗加工轨迹仿真

④ 在加工选项卡中，单击后置处理工具栏中的"后置处理"按钮 **G**，弹出"生成后置代码"对话框，如图8-18所示。选择对应的数控系统，选择对应的打开生成后置文件的可执行文件等，最终生成等高线粗加工G代码。如图8-19所示。

⑤ 拾取粗加工刀具轨迹，单击右键选择"隐藏"命令，将粗加工轨迹隐藏掉，以便观察下面的精加工轨迹。

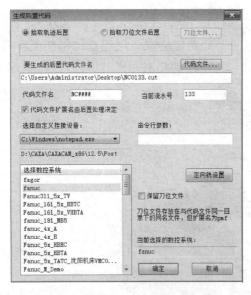

图8-18　生成后置代码对话框

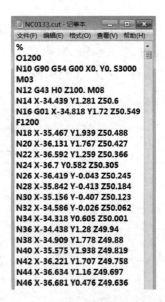

图8-19　等高线粗加工G代码

三、鼠标凸模侧铣加工

① 在加工选项卡中，单击五轴加工工具栏中的"五轴侧铣加工2"命令按钮 ，弹出

对话框设置有关参数。如图8-20所示。五轴侧铣精加工2：用两条线来确定所要加工的面，并且可以利用铣刀的侧刃来进行加工。

图8-20 五轴侧铣加工2参数设置

② 拾取鼠标侧曲面，生成五轴侧铣精加工轨迹，如图8-21所示。

图8-21 五轴侧铣加工2轨迹

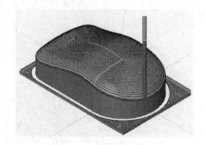

图8-22 五轴侧铣加工2轨迹仿真

③ 在加工选项卡中，单击仿真工具栏中的"实体仿真"按钮 ，单击左键拾取五轴侧铣加工2轨迹，单击右键拾取结束，开始实体仿真，如图8-22所示。

④ 生成G代码。在加工选项卡中，单击后置处理工具栏中的"后置处理"按钮 **G**，弹出"生成后置代码"对话框，如图8-23所示。选择对应的五轴数控系统，如fanuc_16i_5x_VHBTA，选择对应的打开生成后置文件的可执行文件等，最终生成五轴侧铣加工2 G代码。如图8-24所示。

四、鼠标上面曲面加工

① 在加工选项卡中，单击五轴加工工具栏中的"五轴曲面区域加工"命令按钮 ，弹出对话框设置有关参数。如图8-25所示。五轴曲面区域加工：生成曲面的五轴精加工轨迹，刀轴的方向由导向曲面控制。导向曲面只支持一张曲面的情况。刀具目前只支持球头刀。

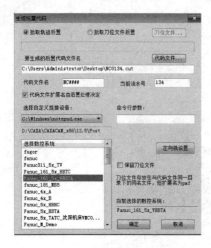

图8-23　生成后置代码对话框　　　　　图8-24　五轴侧铣加工2 G代码

② 拾取鼠标上面两曲面，生成五轴曲面区域加工轨迹，如图8-26所示。

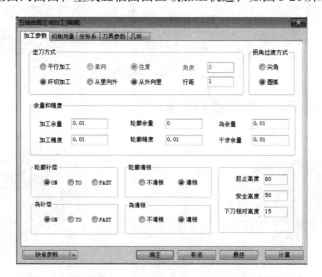

图8-25　五轴曲面区域加工参数设置

③ 在加工选项卡中，单击仿真工具栏中的"实体仿真"按钮 ⬤，单击左键拾取五轴曲面区域加工轨迹，单击右键拾取结束，开始实体仿真，如图8-27所示。

图8-26　五轴曲面区域加工轨迹　　　　　图8-27　五轴曲面区域加工轨迹仿真

④ 生成G代码。在加工选项卡中，单击后置处理工具栏中的"后置处理"按钮 **G**，弹出"生成后置代码"对话框，如图8-28所示。选择对应的五轴数控系统，如fanuc_16i_5x_VHBTA，选择对应的打开生成后置文件的可执行文件等，最终生成五轴曲面区域加工G代码。如图8-29所示。

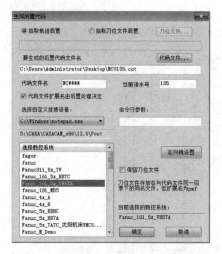

图8-28　生成后置代码对话框

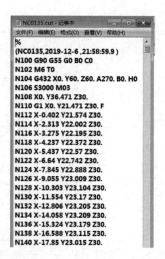

图8-29　五轴曲面区域加工G代码

至此，鼠标凸模曲面造型设计、生成加工轨迹、加工轨迹仿真、生成G代码的工作已经全部完成。

拓 展 练 习

1. 完成鼠标型腔凹模的造型，并生成加工轨迹。图中未注圆角半径均为10mm。型腔底面样条线4个型值点的坐标为（-30，0，25）、（20，0，10）、（40，0，15）和（70，0，20），如图8-30所示。

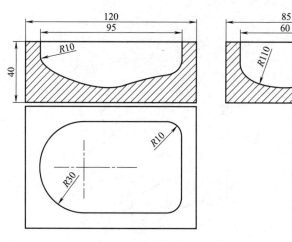

图8-30　鼠标型腔凹模尺寸

2. 按下列某五角星模型图尺寸编制CAM加工程序，已知毛坯零件尺寸为110mm×110mm×40mm，五角星中心高15mm，五角星外接圆半径为R40mm，如图8-31所示。

　　要求：① 合理安排加工工艺路线和建立加工坐标系。

　　　　　② 应用适当的加工方法编制完整的CAM加工程序，后置处理格式按faunc系统要求生成。

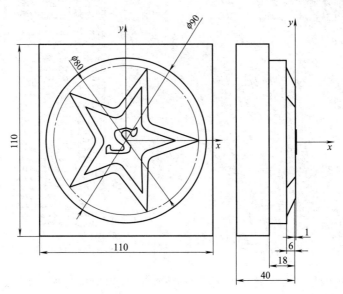

图8-31　五角星模型尺寸

第九章

叶轮零件的设计与五轴加工

目前，较重要用途的叶轮都是由非可展直纹面和自由曲面构成的，叶轮叶片的型面非常复杂。为提高整体叶轮的加工质量和工效，充分满足产品生产的要求，高速铣削技术、多轴尤其五轴数控机床及CAM技术被广泛应用。利用四轴联动或五轴联动的数控机床进行叶轮加工，既可以保证刀具的球头部分对工件准确地进行切削，又可以利用其转动轴工作使刀具的刀体或刀杆部分避让开工件其他部分，避免发生干涉或过切。本章通过叶轮零件的造型设计，学习CAXA制造工程师2016旋转面、直纹面和环形阵列曲面造型功能；通过叶轮零件的粗精加工，学习CAXA制造工程师2016中叶轮五轴粗加工、叶轮五轴精加工、叶片五轴侧铣精加工及轨迹仿真、后置处理、程序代码生成等加工功能。

◎**技能目标**

· 巩固曲线绘制方法。

· 巩固旋转、扫描、阵列等曲面造型方法。

· 掌握叶轮粗加工、叶轮精加工、五轴侧铣命令的操作方法。

· 掌握叶轮加工轨迹仿真的操作方法。

· 掌握G代码生成及工艺清单生成的操作方法。

［实例9-1］　叶轮零件的造型设计

叶轮零件的造型与加工，零件如图9-1所示。

根据叶轮零件图可知，叶轮为回转体，可通过直纹面、旋转面和环形阵列等曲面造型方法来完成，然后用叶轮粗加工、叶轮精加工、五轴侧铣加工来生成叶轮粗精加工刀具轨迹。

① 首先在桌面上新建一个记事本文件，打开，在里面以如图9-2所示的内容输入所给的样条曲线空间点坐标，保存后，将其后缀名改为".dat"，如图9-3所示。

② 双击桌面图标![icon]，进入CAXA制造工程师2016操作界面。移动光标至特征树栏左下角，选择"特征管理"，显示零件特征栏，进入造型界面。在常用选项卡中，单击模型生成栏中的"导入模型"按钮![icon]，打开文件选择对话框，选择叶轮曲线.dat数据文件，如图9-4所示。

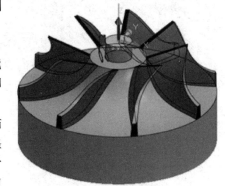

图9-1　叶轮零件

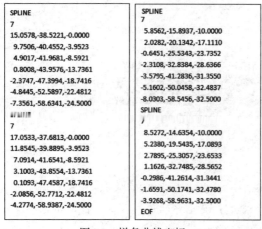

```
SPLINE
7
15.0578,-38.5221,-0.0000
 9.7506,-40.4552,-3.9523
 4.9017,-41.9681,-8.5921
 0.8008,-43.9576,-13.7361
-2.3747,-47.3994,-18.7416
-4.8445,-52.5897,-22.4812
-7.3561,-58.6341,-24.5000

7
17.0533,-37.6813,-0.0000
11.8545,-39.8895,-3.9523
 7.0914,-41.6541,-8.5921
 3.1003,-43.8554,-13.7361
 0.1093,-47.4587,-18.7416
-2.0856,-52.7712,-22.4812
-4.2774,-58.9387,-24.5000
```

```
SPLINE
 5.8562,-15.8937,-10.0000
 2.0282,-20.1342,-17.1110
-0.6451,-25.5343,-23.7352
-2.3108,-32.8384,-28.6366
-3.5795,-41.2836,-31.3550
-5.1602,-50.0458,-32.4837
-8.0303,-58.5456,-32.5000
SPLINE
 8.5272,-14.6354,-10.0000
 5.2380,-19.5435,-17.0893
 2.7895,-25.3057,-23.6533
 1.1626,-32.7485,-28.5652
-0.2986,-41.2614,-31.3441
-1.6591,-50.1741,-32.4780
-3.9268,-58.9631,-32.5000
EOF
```

图9-2　样条曲线坐标

图9-3　叶轮曲线坐标文件类型

图9-4　打开叶轮曲线数据文件

③ 打开后就能够看到四条空间曲线。如图9-5所示。

④ 在曲线选项卡中，单击曲线生成栏中的"直线"按钮，选择"正交"中的"长度方式"，长度为30，按F9键切换作图平面到 *YOZ*，点击坐标原点，向上绘旋转轴直线，得到图9-6所示图形。

图9-5　四条叶轮空间曲线　　　　　　　图9-6　绘制旋转曲线

⑤ 在曲线选项卡中，单击曲线生成栏中的"直线"按钮，选择"两点线""连续""非正交"，连接点 *AC*、*AB*、*CD*、*DB*、*AH*、*CE*、*DF*、*BI*、*FI*、*IH*、*EH*、*EF*，如图9-7所示。

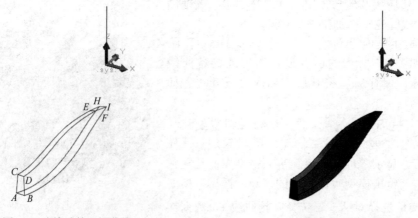

图9-7　连接叶轮空间曲线　　　　　　图9-8　绘制直纹面

⑥ 在曲面选项卡中，单击曲面生成栏中的"直纹面"按钮 ▱，选择"曲线+曲线"的方式，按照提示拾取曲线，必须在两曲线的同侧拾取，生成曲面，如图9-8所示。曲面颜色可根据喜好修改。

⑦ 在曲面选项卡中，单击曲面生成栏中的"旋转面"按钮 ⛏，选择起始角为0，终止角为360，按照软件提示拾取旋转轴直线和母线，生成曲面。如图9-9所示。

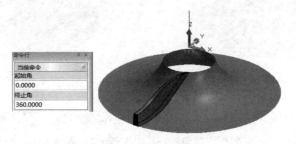

图9-9　绘制旋转面

⑧ 按F9键切换到 *XOY* 平面，在常用选项卡中，单击几何变换栏中的"阵列"按钮 ⊞，选择"圆形""均布"，份数为8，按照软件提示拾取叶片上的全部曲面后点击右键，输入的中心点为坐标原点，点击右键即可。如图9-10所示。

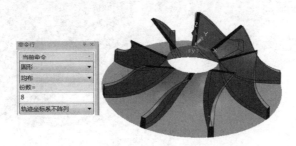

图9-10　绘制叶片曲面

⑨ 在曲线选项卡中，单击曲线生成栏中的"相关线"按钮 ⬙，选择"曲面边界线"中的"全部"。按软件提示选择曲面得到顶端和底端圆形曲线。如图9-11所示。

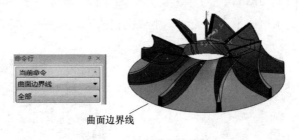

曲面边界线

图9-11　绘制曲面边界线

⑩ 在曲线选项卡中，单击曲线工具栏中的"整圆"按钮 ⊕，选择"圆心_半径"，按软件提示，以顶端圆形曲线的圆心为圆心，做半径为8mm的圆。如图9-12所示。

⑪ 在曲面选项卡中，单击曲面生成栏中的"平面"按钮 ▱，选择裁剪平面，拾取平面外轮廓线，并确定链搜索方向，选择箭头方向即可。然后拾取内轮廓线，并确定链搜索方

向，每拾取一个内轮廓线确定一次链搜索方向，拾取完毕，单击鼠标右键，完成操作。如图9-13所示。

图9-12 绘制R8mm的圆

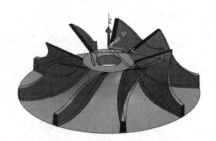

图9-13 绘制圆环面

⑫ 在曲面选项卡中，单击曲面工具栏中的"扫描面"按钮 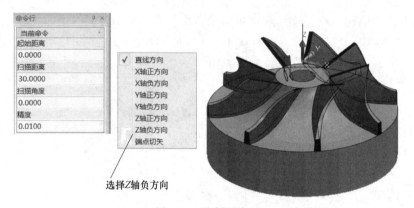，起始距离为0，扫描距离为30，扫描角度为0，扫描精度为0.01。按软件提示，按空格键选择扫描方向为"Z轴负方向"，接着去拾取要扫描的曲线。如图9-14所示。

图9-14 绘制圆柱面

⑬ 在曲线选项卡中，单击曲线工具栏中的"整圆"按钮 ⊕，选择"圆心_半径"，按软件提示，做以坐标原点为圆心，半径为8mm的圆。如图9-15所示。

⑭ 在曲面选项卡中，单击曲面工具栏中的"直纹面"按钮 ，选择"曲线+曲线"的方式，按照软件上的提示拾取上下圆曲线，生成圆柱曲面。如图9-16所示。

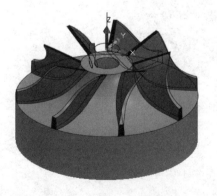

图9-15 绘制R8mm的圆

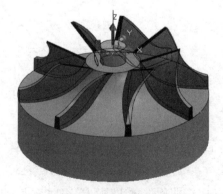

图9-16 绘制圆柱面

［实例9-2］　叶轮零件数控加工与仿真

对于叶轮的加工，本任务主要采用CAXA制造工程师2016的五轴加工功能来完成。

针对叶轮这种复杂曲面的特殊零件，CAXA软件提供了两种专门的加工方案，即叶轮粗加工和叶轮精加工。从工艺安排上，主要借助上述两种加工策略，分叶轮粗加工、叶轮精加工、叶片精加工的工艺路线来完成。

一、叶轮粗加工

对叶轮的轮毂部分进行粗加工，注意要正确选择"叶槽左右叶面和叶轮底面"的正确位置，这样才能生成比较合理的轨迹。注意，刀具在摆动加工时不要和工件及夹具发生干涉或碰撞。

① 在加工选项卡中，单击叶轮叶片工具栏中的"叶轮粗加工"命令按钮，弹出对话框设置有关参数（图9-17）。叶轮粗加工：对叶轮相邻两叶片之间的余量进行粗加工。拾取叶轮各叶片侧曲面及叶片底曲面，生成叶轮粗加工轨迹。

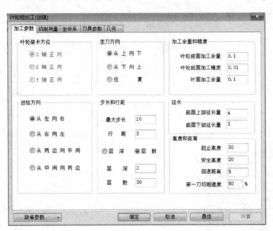

图9-17　叶轮粗加工参数设置对话框

② 选择好各项参数以后，单击"确定"，选择需要加工的区域（叶轮间底面以及左右两个叶轮片面），再点击右键，得出轨迹。如图9-18所示。

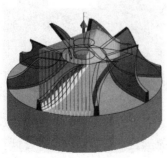

图9-18　单个叶轮粗加工轨迹

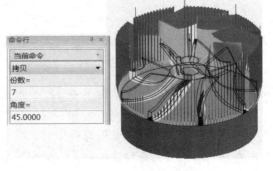

图9-19　叶轮粗加工轨迹

③ 八个叶轮粗加工：选择第一个叶轮粗加工轨迹，在常用选项卡中，直接单击 按钮。在立即菜单中选取"拷贝"，输入角度值45，如选择拷贝的话，还需输入拷贝份数7。给出旋转轴起点、旋转轴末点、拾取要旋转的叶轮粗加工轨迹，按右键确认，旋转完成。如图9-19所示。

二、叶轮精加工与仿真

① 在加工选项卡中，单击叶轮叶片工具栏中的"叶轮精加工"命令按钮 ，弹出对话框设置有关参数。叶轮精加工：对叶轮每个单一叶片的两侧进行精加工。拾取叶轮各叶片侧曲面及叶片底曲面，生成叶轮精加工轨迹，线架显示如图9-20所示。

② 选择好各项参数以后，单击"确定"，选择需要加工的区域（同一个叶轮左右两面），后点击右键，得出轨迹。如图9-21所示。

③ 八个叶轮精加工：选择第一个叶轮精加工轨迹，在常用选项卡中，直接单击 按钮。在立即菜单中选取"拷贝"，输入角度值45，如选择拷贝

图9-20　叶轮精加工参数设置对话框

的话，还需输入拷贝份数7。给出旋转轴起点、旋转轴末点、拾取要旋转的叶轮精加工轨迹，按右键确认，旋转完成。如图9-22所示。

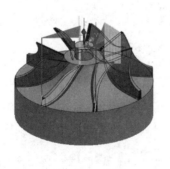

图9-21　单个叶轮精加工轨迹

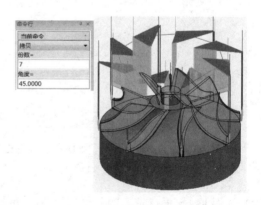

图9-22　叶轮精加工轨迹

④ 加工轨迹生成以后，为了验证轨迹的正确性和是否有刀具干涉现象，必须在加工前进行实体仿真，可以利用CAXA制造工程师2016的仿真功能对加工轨迹进行仿真，有两种方法，一种是线框仿真，另一种是实体仿真。这里我们采用线框仿真方式。

在加工选项卡中，单击仿真工具栏中的"线框仿真"按钮 ，单击左键拾取加工轨迹线，单击右键拾取结束，开始线框仿真，单个叶轮精加工轨迹仿真，如图9-23所示。单个叶轮精加工轨迹仿真，如图9-24所示。

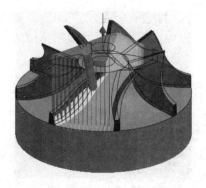

图9-23　单个叶轮精加工轨迹仿真

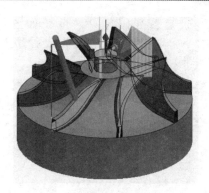

图9-24　叶轮精加工轨迹仿真

三、叶片精加工

叶片精加工可以采用五轴侧铣精加工2策略进行加工，利用刀具的侧刃和球头刀的球头半径将叶片和叶片根部的圆角半径同时加工出来，并且保证叶片的表面粗糙度和尺寸精度。

① 在加工选项卡中，单击五轴加工工具栏中的"五轴侧铣精加工2"命令按钮，弹出对话框设置有关参数。五轴侧铣精加工2：用两条线来确定所要加工的面，并且可以利用铣刀的侧刃来进行加工。如图9-25所示。

② 拾取叶轮叶片两侧曲面，生成五轴侧铣精加工轨迹，如图9-26所示。

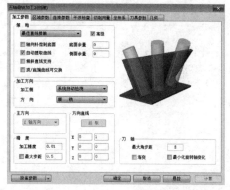

图9-25　五轴侧铣加工2参数设置对话框

③ 八个叶片精加工：选择第一个叶片精加工轨迹，在常用选项卡中，直接单击按钮。在立即菜单中选取"拷贝"，输入角度值45，如选择拷贝的话，还需输入拷贝份数7。给出旋转轴起点、旋转轴末点、拾取要旋转的叶片精加工轨迹，按右键确认，旋转完成。如图9-27所示。

图9-26　单个叶片精加工轨迹

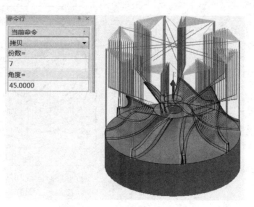

图9-27　叶片精加工轨迹

④ 生成G代码。在加工选项卡中，单击后置处理工具栏中的"后置处理"按钮 **G**，弹

出"生成后置代码"对话框，如图 9-28 所示。选择对应的五轴数控系统，如 fanuc_5x_HB_A，选择对应的打开生成后置文件的可执行文件等，最终生成五轴侧铣精加工 G 代码。如图 9-29 所示。

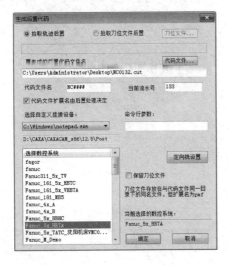

图 9-28　叶片精加工生成后置代码对话框　　　　　图 9-29　叶片精加工 G 代码

注意：加工时球头刀直径的选择要结合两叶片之间的间隙和叶片根部的圆角半径来确定，直径太大会发生刀具干涉，直径太小会降低刀具刚性和切削效率。

拓 展 练 习

1. 根据图 9-30 所示尺寸，完成零件的实体造型设计，应用适当的加工方法编制完整的 CAM 加工程序，后置处理格式按 fanuc 系统要求生成。

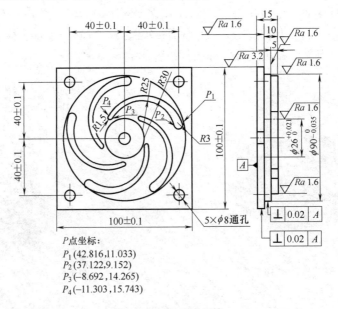

P 点坐标：
P_1 (42.816, 11.033)
P_2 (37.122, 9.152)
P_3 (−8.692, 14.265)
P_4 (−11.303, 15.743)

图 9-30　叶轮零件尺寸

2．建立并加工图9-31所示的零件模型，利用四轴加工功能加工该模型。

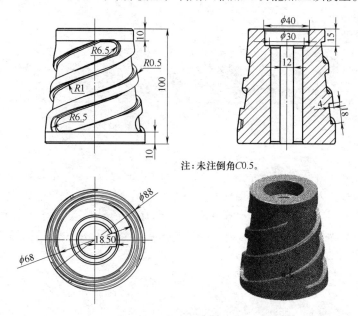

注：未注倒角C0.5。

图9-31　螺旋槽零件尺寸

3.按照图9-32所示完成凹形曲面实体造型，并选用合适的多轴加工方法对凹形曲面部分进行加工，生成加工轨迹。

图9-32　凹形曲面加工模型

第十章

数控大赛旋盖零件的设计与加工

数控技能大赛，可以推动选手和数控应用相关人员探讨、研究数控加工中的技术、技能，摸索数控加工中的规律。对我国数控应用技术水平的普及和提高，起到很好的示范和推动作用。本章通过往届数控技能大赛样题旋盖零件的设计造型，学习 CAXA 制造工程师 2016 中实体造型、边界面曲面造型功能、新坐标系建立及应用；通过旋盖零件的多面粗加工，学习 CAXA 制造工程师 2016 中的平面区域加工、钻孔加工、图标雕刻加工、后置处理、程序代码生成等加工功能。

◎ **技能目标**

· 巩固矩形、圆及圆弧的绘制和编辑方法。

· 巩固草图绘制、拉伸增料、拉伸除料等实体造型方法。

· 掌握在不同坐标系下平面区域精加工方法、图标雕刻加工的综合应用。

· 掌握零件的正反面加工方法，培养学生对复杂形体的自动编程能力。

· 掌握 G 代码生成的基本操作方法。

［实例 10-1］ 旋盖零件上部的造型设计与加工

完成如图 10-1 所示尺寸的旋盖零件上部造型设计，并选择合适的加工方法实现自动编程。从图 10-1 来看，我们选择从下向上 35mm 处为零坐标平面，向上为旋盖零件上部，向下为旋盖零件下部。

双击桌面图标 ![icon]，进入 CAXA 制造工程师 2016 操作界面。移动光标至特征树栏左下角，选择"特征管理"，显示零件特征栏，进入造型界面。

一、旋盖零件上部造型设计

① 在"特征管理"里选择"平面 XY"为基准面，单击状态控制栏中的"草图绘制"按钮 ![icon]（或按 F2 键），进入草图绘制状态。

② 按 F5 键，在曲线选项卡中，单击曲线工具栏中的"整圆"按钮 ![icon]，选择"圆心_半径"，按软件提示，以顶端圆形曲线的圆心为圆心，做半径为 50mm 的圆；单击曲线生成栏中的"直线"按钮 ![icon]，选择"水平/垂直""水平+垂直"，绘制长 100mm 的十字线，然后单击曲线生成栏中的"等距"按钮 ![icon]，左右等距中线 43mm。如图 10-2 所示。

在曲线选项卡中，单击曲线编辑栏中的"曲线裁剪"按钮 ![icon]，在修剪立即菜单中，单击设置相关修剪参数，单击左键拾取不需要的线，单击右键确认修剪结束。

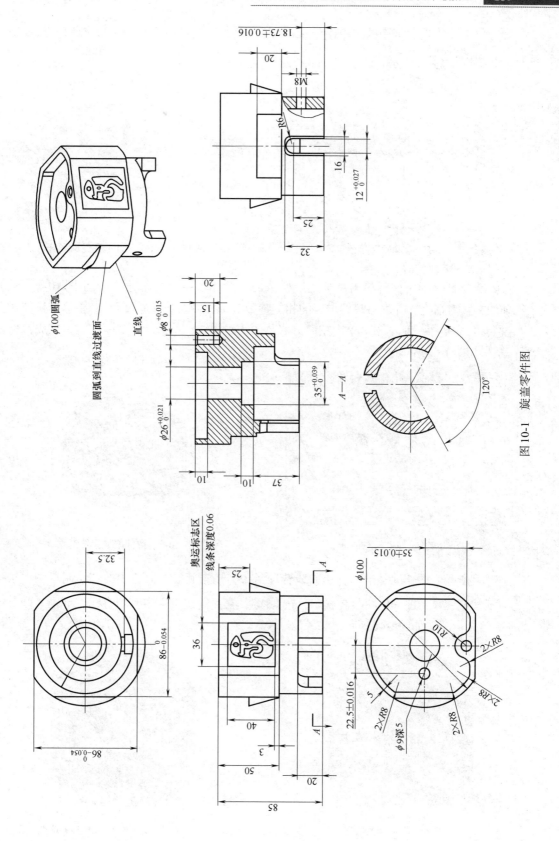

图10-1　旋盖零件图

③ 单击曲线选项卡中的"草图绘制"按钮 ✐，退出草图绘制。按F8键切换到等轴测图，如图10-3所示。

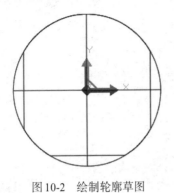

图10-2　绘制轮廓草图

图10-3　旋盖零件上部轮廓草图

④ 在特征选项卡中，单击特征生成栏中的"拉伸增料"按钮 ▣，弹出图10-4所示的"拉伸增料"对话框，并填写拉伸增料的相关参数（如深度、拔模斜度等）。在选择拉伸对象时，移动光标至所绘制草图，单击左键拾取草图的轮廓线，单击"确定"按钮，完成拉伸增料。结果如图10-5所示。

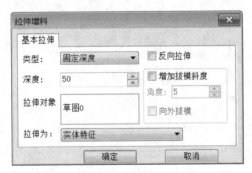

图10-4　拉伸增料对话框

图10-5　拉伸增料实体造型

⑤ 单击上表面作为基准面，在曲线选项卡中，单击状态控制栏中的"绘制草图"按钮 ✐（或按F2键），进入草图绘制状态，按F5键，在曲线选项卡中，用直线、等距、圆等绘图命令绘制草图，如图10-6所示。

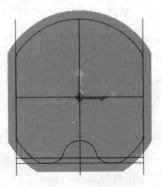

图10-6　绘制轮廓草图

图10-7　旋盖零件上部内轮廓草图

在曲线选项卡中，单击曲线编辑栏中的"曲线裁剪"按钮 ✂，在修剪立即菜单中，单击设置相关修剪参数，单击左键拾取不需要的线，单击右键确认修剪结束。如图10-7所示。

⑥ 单击曲线选项卡中的"草图绘制"按钮 🖊，退出草图绘制。按F8键切换到等轴测图，在特征选项卡中，单击特征生成栏中的"拉伸除料"按钮 ⬒，弹出图10-8所示的"拉伸除料"对话框，填写拉伸除料深度为10。在选择拉伸对象时，移动光标至所绘制草图，单击左键拾取草图的轮廓线，单击"确定"按钮，完成拉伸除料。结果如图10-9所示。

图10-8 拉伸除料对话框

图10-9 拉伸除料实体造型

⑦ 单击上表面作为基准面，在曲线选项卡中，单击状态控制栏中的"绘制草图"按钮 🖊（或按F2键），进入草图绘制状态，按F5键，在曲线选项卡中，单击曲线工具栏中的"整圆"按钮 ⊕，选择"圆心_半径"，按软件提示，按空格键选择捕捉圆心方式，以 R10mm圆弧曲线的圆心为圆心，做半径为4mm的草图圆。如图10-10所示。

图10-10 绘制 R4mm圆草图

图10-11 拉伸除料 R4mm圆实体造型

⑧ 单击曲线选项卡中的"草图绘制"按钮 🖊，退出草图绘制。按F8键切换到等轴测图，在特征选项卡中，单击特征生成栏中的"拉伸除料"按钮 ⬒，在弹出的"拉伸除料"对话框中，填写拉伸除料深度为20。在选择拉伸对象时，移动光标至所绘制的 R4mm圆草图，单击左键拾取草图的轮廓线，单击"确定"按钮，完成拉伸除料。结果如图10-11所示。

⑨ 单击内型腔上表面作为基准面，在曲线选项卡中，单击状态控制栏中的"绘制草图"按钮 🖊（或按F2键），进入草图绘制状态，按F5键，在曲线选项卡中，单击曲线工具栏中的"整圆"按钮 ⊕，选择"圆心_半径"，以坐标中心为圆心，做半径为13mm的草图圆，如图10-12所示。

⑩ 单击曲线选项卡中的"草图绘制"按钮 ，退出草图绘制。按F8键切换到等轴测图，在特征选项卡中，单击特征生成栏中的"拉伸除料"按钮 ，在弹出的"拉伸除料"对话框中，填写拉伸除料深度为50。在选择拉伸对象时，移动光标至所绘制R13mm圆草图，单击左键拾取草图的轮廓线，单击"确定"按钮，完成拉伸除料。结果如图10-13所示。

图10-12　绘制R13mm圆草图

图10-13　拉伸除料R13mm圆实体造型

⑪ 同理单击内型腔上表面作为基准面，绘制R4.5mm的圆草图，如图10-14所示。拉伸除料深度为5mm，如图10-15所示。

图10-14　绘制R4.5mm圆草图

图10-15　拉伸除料R4.5mm圆实体造型

⑫ 在特征选项卡中，单击特征生成栏中的"基准面"按钮 ，弹出构造基准面对话框，如图10-16所示。根据构造条件，选择和XOY等距的平面，填入距离25，单击"确定"完成操作。如图10-17所示。

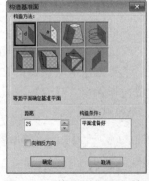

图10-16　构造基准面对话框

图10-17　新建基准面

⑬ 单击新建的基准平面，在曲线选项卡中，单击状态控制栏中的"绘制草图"按钮（或按F2键），进入草图绘制状态，按F5键，在曲线选项卡中，利用整圆、等距命令绘制草图辅助线，如图10-18所示。

在曲线选项卡中，单击曲线编辑栏中的"曲线裁剪"按钮，在修剪立即菜单中，单击设置相关修剪参数，单击左键拾取不需要的线，单击右键确认修剪结束。如图10-19所示。

⑭ 单击曲线选项卡中的"草图绘制"按钮，退出草图绘制。

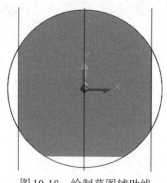

图10-18　绘制草图辅助线

图10-19　绘制草图

⑮ 在特征选项卡中，单击特征生成栏中的"拉伸增料"按钮，弹出图10-20所示的"拉伸增料"对话框，反向拉伸、深度25。在选择拉伸对象时，移动光标至所绘制草图，单击左键拾取草图的轮廓线，单击"确定"按钮，完成拉伸增料。结果如图10-21所示。

图10-20　拉伸增料对话框

图10-21　拉伸增料实体造型

⑯ 单击曲线生成栏中的"相关线"按钮，从立即菜单中选择"实体边界"，单击拾取边界线，结果如图10-22所示。经过修改后形成两侧四边线，如图10-23所示。

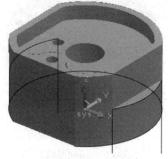

图10-22　实体边界线

图10-23　四边线

⑰ 在曲面选项卡中，单击曲面生成栏中的"边界面" 按钮。选择四边面，依次拾取四边线，完成曲面造型操作，如图10-24所示。线架显示四边面如图10-25所示。

图10-24　四边面造型

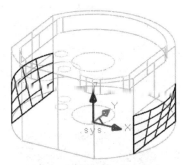
图10-25　线架显示四边面

⑱ 在特征选项卡中，单击特征生成栏中的"曲面加厚"按钮 ，弹出图10-26所示的"曲面加厚"对话框，厚度10。确定加厚方向，拾取曲面，单击"确定"完成操作。结果如图10-27所示。

图10-26　曲面加厚对话框

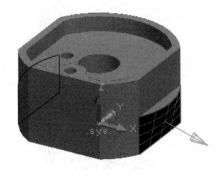
图10-27　曲面加厚除料

同理单击特征生成栏中的"曲面加厚"按钮 ，弹出图10-28所示的"曲面加厚"对话框，厚度10。确定加厚方向，拾取曲面，单击"确定"完成另一侧造型操作。结果如图10-29所示。

图10-28　曲面加厚对话框

图10-29　曲面加厚除料

第十章　数控大赛旋盖零件的设计与加工　**145**

二、旋盖零件上部加工

①　单击曲线生成栏中的"相关线"按钮 ，从立即菜单中选择"实体边界"。拾取加工中必要的边界线，如图10-30所示。

②　在加工选项卡中，单击二轴加工工具栏中的"平面区域粗加工"按钮 ，弹出"平面区域粗加工（编辑）"对话框，如图10-31所示。此加工功能是生成具有多个岛的平面区域的刀具轨迹，适合 2/2.5 轴粗加工。设置相关加工参数，环切加工，选择从里向外方式。顶层高度50，底层高度40，行距为3。

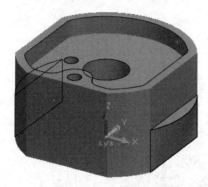

图10-30　绘制实体边界线

图10-31　平面区域粗加工（编辑）对话框

③　加工参数设置完成后，单击"确定"按钮退出"平面区域粗加工（编辑）"对话框，系统进行刀路运算，加工轨迹如图10-32所示。

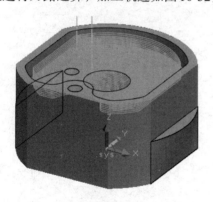

图10-32　平面区域粗加工轨迹

图10-33　G01钻孔（编辑）对话框

④　在加工选项卡中，单击孔加工工具栏中的"G01钻孔"按钮 ，弹出"G01钻孔（编辑）"对话框，如图10-33所示。设置相关加工参数，用直径为8mm的钻头，钻孔深度50，下刀次数设为4。单击"确定"按钮退出"G01钻孔（编辑）"对话框，生成加工轨迹，其他两个小孔加工方法一样，一个深度为20，一个深度为5，如图10-34所示。

⑤　在加工选项卡中，单击孔加工工具栏中的"铣圆孔"按钮 ，弹出"铣圆孔加工（编辑）"对话框，如图10-35所示。设置相关加工参数，用直径为6mm的合金立铣刀，铣孔深度50。单击"确定"按钮退出"铣圆孔加工（编辑）"对话框，生成加工轨迹如图10-36所示。

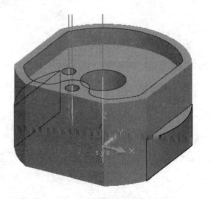

图10-34　钻直径为8mm的孔

图10-35　铣圆孔加工（编辑）对话框

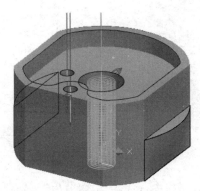

图10-36　铣直径为26mm的孔

［实例10-2］　旋盖零件下部的造型设计与加工

完成如图10-1所示尺寸的旋盖零件下部造型设计，并选择合适的加工方法实现自动编程。

一、旋盖零件下部造型设计

① 在曲线选项卡中，单击曲线生成栏中的"直线"按钮 ✎ ，选择"两点线""连续""非正交"，在旋盖零件下部表面绘制三条辅助线，如图10-37所示。

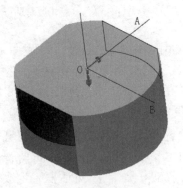

图10-37　绘制辅助线

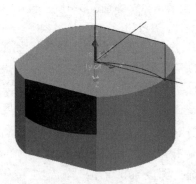

图10-38　建立新坐标系

② 在工具选项卡中，单击"创建坐标系"按钮，在立即菜单中选择"三点"。给出坐标原点、X+方向上一点 B 和确定 XOY 面及 Y+轴方位的一点 A。在弹出的输入条中，输入坐标系名称 lyc1，按回车键确定。如图 10-38 所示。

③ 单击 XOY 基准平面，在曲线选项卡中，单击状态控制栏中的"绘制草图"按钮（或按 F2 键），进入草图绘制状态，按 F5 键，利用整圆、角度线等命令绘制草图，如图 10-39 所示。

图10-39　绘制草图

图10-40　轴测状态

④ 单击曲线选项卡中的"草图绘制"按钮，退出草图绘制。按 F8 键，进入轴测状态，如图 10-40 所示。

⑤ 在特征选项卡中，单击特征生成栏中的"拉伸除料"按钮，在弹出的"拉伸除料"对话框中（如图 10-41 所示），填写拉伸除料深度为 20。在选择拉伸对象时，移动光标至所绘制的草图，单击左键拾取草图的轮廓线，单击"确定"按钮，完成拉伸除料。结果如图 10-42 所示。

图10-41　拉伸除料对话框

图10-42　拉伸除料造型

⑥ 在特征选项卡中，单击特征生成栏中的"过渡"按钮，在弹出的"过渡"对话框中（如图 10-43 所示），填写过渡半径为 6。拾取需要过渡的边，单击"确定"按钮，完成过渡造型。结果如图 10-44 所示。

⑦ 在特征选项卡中，单击特征生成栏中的"基准面"按钮，弹出"构造基准面"对话框，如图 10-45 所示。根据构造条件，选择和 XOY 等距的平面，填入距离 32.5，单击"确

定"完成操作。如图10-46所示。

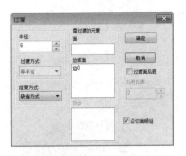

图10-43 过渡对话框

图10-44 过渡造型

图10-45 构建基准面对话框

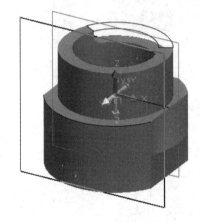

图10-46 构建基准面

⑧ 单击新建的基准平面，在曲线选项卡中，单击状态控制栏中的"绘制草图"按钮 ✎（或按F2键），进入草图绘制状态，按F5键，在曲线选项卡中，利用直线、整圆、等距、曲线裁剪等命令绘制草图，如图10-47所示。

⑨ 单击曲线选项卡中的"草图绘制"按钮 ✎，退出草图绘制。按F8键轴测显示，如图10-48所示。

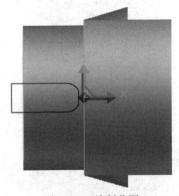

图10-47 绘制草图

图10-48 轴测图

⑩ 在特征选项卡中，单击特征生成栏中的"拉伸除料"按钮 ▣，在弹出的"拉伸除料"对话框中（如图10-49所示），填写拉伸除料深度为30。单击左键拾取草图的轮廓线，

单击"确定"按钮，完成拉伸除料。结果如图10-50所示。

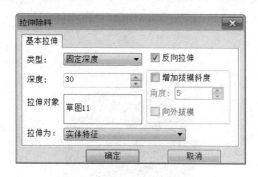

图10-49　拉伸除料对话框

图10-50　拉伸除料造型

⑪ 同理，单击新建的基准平面，在曲线选项卡中，单击状态控制栏中的"绘制草图"按钮 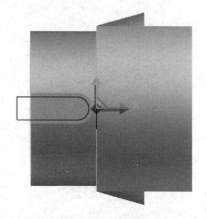，按F5键，利用直线、整圆、等距、曲线裁剪等命令绘制草图，如图10-51所示。单击曲线选项卡中的"草图绘制"按钮 ，退出草图绘制。按F8键轴测显示，如图10-52所示。

图10-51　绘制草图

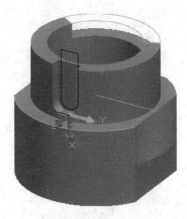

图10-52　轴测图

⑫ 在特征选项卡中，单击特征生成栏中的"拉伸除料"按钮 ，在弹出的"拉伸除料"对话框中（如图10-53所示），填写拉伸除料深度为30。单击左键拾取草图的轮廓线，单击"确定"按钮，完成拉伸除料。结果如图10-54所示。

图10-53　拉伸除料对话框

图10-54　拉伸除料造型

⑬ 单击 *YOZ* 基准平面，在曲线选项卡中，单击状态控制栏中的"绘制草图"按钮 ，按F5键，利用整圆命令绘制草图，如图10-55所示。单击曲线选项卡中的"草图绘制"按钮 ，退出草图绘制。按F8键轴测显示，如图10-56所示。

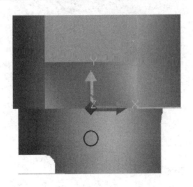

图10-55 绘制草图

图10-56 轴测显示

⑭ 在特征选项卡中，单击特征生成栏中的"拉伸除料"按钮 ，在弹出的"拉伸除料"对话框中（如图10-57所示），填写拉伸除料深度为40。单击左键拾取草图的轮廓线，单击"确定"按钮，完成拉伸除料。结果如图10-58所示。

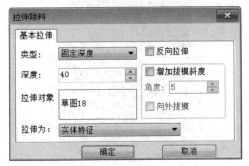

图10-57 拉伸除料对话框

图10-58 拉伸除料造型

二、旋盖零件下部加工

① 单击曲线生成栏中的"相关线"按钮 ，从立即菜单中选择"实体边界"。拾取加工中必要的边界线。

② 在加工选项卡中，单击二轴加工工具栏中的"平面区域粗加工"按钮 ，弹出"平面区域粗加工（编辑）"对话框，如图10-59所示。设置相关加工参数，环切加工，选择从里向外方式。顶层高度36，底层高度15，行距为1。

③ 加工参数设置完成后，单击"确定"按钮退出"平面区域粗加工（编辑）"对话框，系统进行刀路运算，加工轨迹如图10-60所示。

④ 同理，在加工选项卡中，单击二轴加工工具栏中的"平面区域粗加工"按钮 ，弹出"平面区域粗加工（编辑）"对话框，如图10-61所示。设置相关加工参数，环切加工，选择从外向里方式。顶层高度35，底层高度0，行距为1。

⑤ 加工参数设置完成后，单击"确定"按钮退出"平面区域粗加工（编辑）"对话框，

系统进行刀路运算，加工轨迹如图10-62所示。

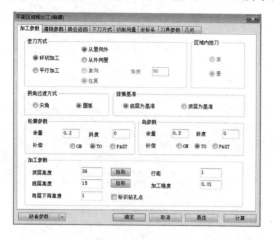

图10-59　平面区域粗加工（编辑）对话框

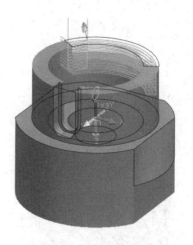

图10-60　平面区域粗加工轨迹

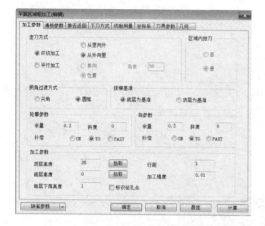

图10-61　平面区域粗加工（编辑）对话框

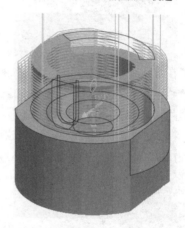

图10-62　外部平面区域粗加工轨迹

⑥ 同理，在加工选项卡中，单击二轴加工工具栏中的"平面区域粗加工"按钮，弹出"平面区域粗加工（编辑）"对话框。设置相关加工参数，环切加工，选择从里向外方式。顶层高度35，底层高度–2，行距为1。生成直径为60mm圆柱孔的加工轨迹，如图10-63所示。

在"平面区域粗加工（编辑）"对话框中设置顶层高度0，底层高度–12，行距为1。生成直径为35mm圆柱沉孔的加工轨迹，如图10-64所示。

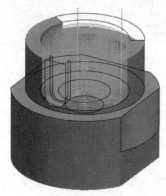

图10-63　直径为60mm圆柱孔的加工轨迹

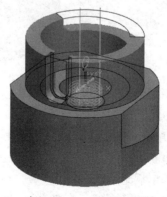

图10-64　直径为35mm圆柱沉孔的加工轨迹

⑦ 在曲线选项卡中，单击曲线生成栏中的"直线"按钮 ✏️，选择"两点线""连续""非正交"，在旋盖零件坐标中心绘制三条辅助线，如图10-65所示。

在工具选项卡中，单击"创建坐标系"按钮 📐，在立即菜单中选择"三点"。给出坐标原点、*X*+方向上一点*A*和确定*XOY*面及*Y*+轴方位的一点*B*。在弹出的输入条中，输入坐标系名称lyc3，按回车键确定。如图10-65所示。

图10-65　创建坐标系

图10-66　平面区域粗加工（编辑）对话框

⑧ 在加工选项卡中，单击二轴加工工具栏中的"平面区域粗加工"按钮 ▣，弹出"平面区域粗加工（编辑）"对话框，如图10-66所示。设置相关加工参数，环切加工，选择从里向外方式。顶层高度42，底层高度32.5，行距为2。

加工参数设置完成后，单击"确定"按钮退出"平面区域粗加工（编辑）"对话框，系统进行刀路运算，加工轨迹如图10-67所示。

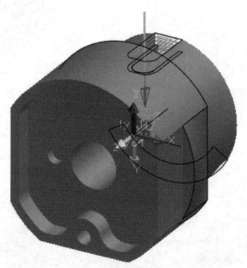

图10-67　生成铣槽加工轨迹

⑨ 单击曲线生成栏中的"相关线"按钮 ◈，从立即菜单中选择"实体边界"。拾取加工中必要的边界线，绘制加工轮廓线，如图10-68所示。

同样用平面区域粗加工功能，设置相关加工参数，环切加工，选择从里向外方式。顶层高度33，底层高度29，行距为1。生成加工轨迹如图10-69所示。

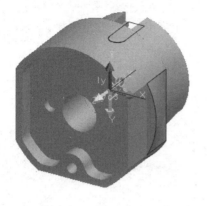

图 10-68　绘制加工轮廓线

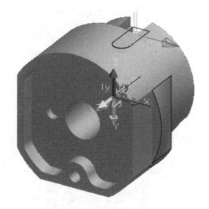

图 10-69　生成铣槽加工轨迹

［实例10-3］　旋盖零件上奥运标志的造型设计与加工

完成如图 10-1 所示尺寸的旋盖零件上部奥运标志的造型设计，并选择合适的加工方法实现自动编程。奥运标志曲线，如图 10-70 所示。奥运标志曲线节点坐标总点数有 47 个，要求手工输入无误，使用雕刻刀刻线，刻线深度为 0.1mm。

一、旋盖零件上奥运标志的造型设计

① 在曲线选项卡中，单击曲线生成栏中的"直线"按钮 ╱，选择"两点线""连续""非正交"，在旋盖零件下部表面绘制三条辅助线，如图 10-71 所示。

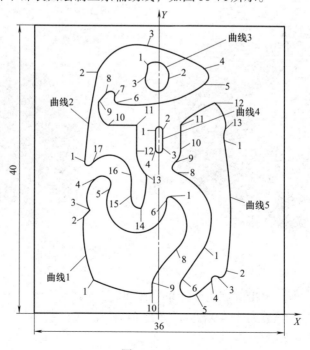

图 10-70

曲线1

序号	X	Y	属性	参数
1	-9.474	4.652	圆弧	R=18.766
2	-10.761	13.407	直线	—
3	-9.846	14.313	圆弧	R=3.434
4	-8.823	18.879	圆弧	R=1.263
5	-6.972	17.289	圆弧	R=4.231
6	1.057	15.779	圆弧	R=0.5
7	1.801	16.253	圆弧	R=4.419
8	2.505	9.049	圆弧	R=12.877
9	-0.974	4.294	直线	—
10	-0.974	2.751	圆弧	R=18.533
1	-9.474	4.652		

曲线3

序号	X	Y	属性	参数
1	-1.71	34.658	圆弧	R=1.955
2	1.32	32.692	圆弧	R=1.704
3	-2.074	32.802	直线	—
1	-1.71	34.658		

曲线4

序号	X	Y	属性	参数
1	-0.5	25.5	圆弧	R=0.500
2	0.5	25.5	直线	—
3	0.5	23	圆弧	R=0.500
4	-0.5	23	直线	—
1	-0.5	25.5		

曲线2

序号	X	Y	属性	参数
1	-10.636	21.13	圆弧	R=79.945
2	-8.77	33.529	圆弧	R=6.420
3	-1.763	37.302	圆弧	R=23.333
4	6.487	34.15	圆弧	R=1.300
5	6.548	31.981	圆弧	R=16.569
6	-5.953	29.254	圆弧	R=0.60
7	-6.42	30.017	圆弧	R=0.677
8	-7.583	30.652	直线	—
9	-8.647	29.449	圆弧	R=3.158
10	-7.358	26.192	直线	—
11	-3.224	26.309	直线	—
12	-3.224	22.567	圆弧	R=4.621
13	-1.874	19.302	圆弧	R=8.843
14	-2.607	14.595	圆弧	R=1.752
15	-3.968	16.453	圆弧	R=14.234
16	-4.006	19.265	圆弧	R=3.157
17	-9.687	20.78	圆弧	R=0.527
1	-10.636	21.13		

曲线5

	X	Y	属性	参数
1	9.326	24.052	圆弧	R=49.334
2	9.689	5.9	圆弧	R=0.971
3	8.276	5.202	圆弧	R=0.510
4	7.526	4.602	直线	—
5	5.323	2.718	圆弧	R=1.411
6	3.324	4.677	圆弧	R=55.911
7	6.482	9.319	圆弧	R=6.907
8	2.29	19.606	圆弧	R=0.800
9	2.142	20.933	圆弧	R=2.600
10	3.076	22.929	直线	—
11	3.076	26.286	直线	R=15.082
12	7.921	29.356	圆弧	R=4.503
13	9.526	25.752	圆弧	R=2.305
1	9.326	24.052		

图10-70　奥运标志曲线图

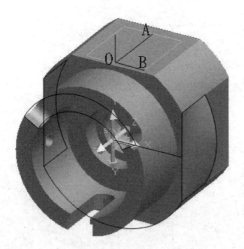

图10-71　绘制辅助线

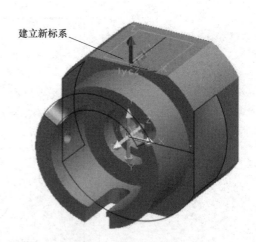

图10-72　创建坐标系

在工具选项卡中，单击"创建坐标系"按钮 ，在立即菜单中选择"三点"。给出坐标原点、X+方向上一点B和确定XOY面及Y+轴方位的一点A。在弹出的输入条中，输入坐标系名称lyc2，按回车键确定。如图10-72所示。

② 按F5键，在XOY平面内绘制奥运标志曲线，在曲线选项卡中，单击曲线生成栏中的

"直线"按钮 ✏️，选择"两点线""连续""非正交"，绘制直线。单击曲线工具栏中的"整圆"按钮 ⊕，选择"两点_半径"，来绘制圆弧曲线。奥运标志曲线节点坐标总点数有 47 个，要求手工输入无误。绘制结果如图 10-73 曲线 1、图 10-74 曲线 2、图 10-75 曲线 3、图 10-76 曲线 4、图 10-77 曲线 5，图 10-78 为绘制矩形曲线，长 36，宽 40。

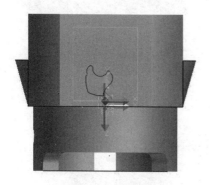

图 10-73　绘制曲线 1

图 10-74　绘制曲线 2

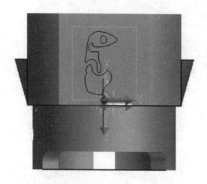

图 10-75　绘制曲线 3

图 10-76　绘制曲线 4

图 10-77　绘制曲线 5

图 10-78　绘制矩形曲线

③　在特征选项卡中，单击特征生成栏中的"拉伸除料"按钮 📦，在弹出的"拉伸除料"对话框中（如图 10-79 所示），填写拉伸除料深度为 0.1。使用雕刻刀刻线，刻线深度为 0.1mm。单击左键拾取草图的轮廓线，单击"确定"按钮，完成拉伸除料。结果如图 10-80 所示。奥运标志实体造型放大如图 10-81 所示。

图 10-79　拉伸除料对话框

图 10-80　奥运标志实体造型

图 10-81　放大后的奥运标志实体造型

二、旋盖零件奥运标志的加工

① 按 F5 键，在加工选项卡中，单击二轴加工工具栏中的"雕刻"按钮 **C**，弹出雕刻加工（编辑）对话框，如图 10-82 所示，选阴刻，设置顶层高度 0、底层高度-0.1、层间高度 0.02，加工参数设置完后按"确定键"退出对话框，此功能属于二轴加工方式，拾取文字或曲线可对毛坯进行雕刻加工，生成雕刻加工轨迹。图 10-83 为雕刻加工刀具参数设置对话框，图 10-84 为雕刻加工几何设置对话框。选择曲线轮廓，如图 10-85 所示，单击右键生成如图 10-86 所示的文字雕刻加工轨迹。

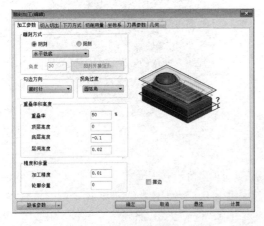

图 10-82　雕刻加工（编辑）对话框

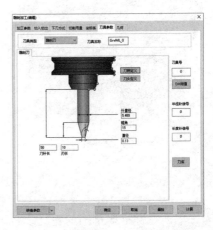

图 10-83　雕刻加工刀具参数设置对话框

图10-84 雕刻加工几何设置对话框

图10-85 拾取加工曲线

图10-86 文字雕刻加工轨迹

② 按F8键，轴测显示如图10-87所示。在加工选项卡中，单击仿真工具栏中的"线框仿真"按钮⊗，单击文字雕刻加工轨迹，单击右键拾取结束，在弹出的窗口中，单击"运行"按钮开始轨迹仿真加工，轨迹仿真加工结果如图10-88所示。

图10-87 轴测图

图10-88 奥运标志雕刻加工轨迹仿真

③ 在加工选项卡中，单击后置处理工具栏中的"后置处理"按钮**G**，弹出"生成后置代码"对话框，如图10-89所示。选择对应的数控系统，选择对应的打开生成后置文件的可执行文件等，单击"确定"退出对话框，拾取加工轨迹，最终生成我们需要的奥运标志雕刻加工G代码，如图10-90所示。

图10-89　生成后置代码对话框

图10-90　奥运标志雕刻加工G代码

拓 展 练 习

1. 建立图10-91所示的零件模型，并选择合适的粗、精加工方法，实现其自动编程。

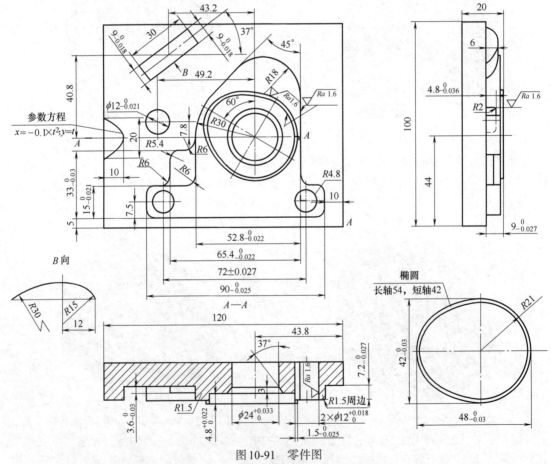

图10-91　零件图

2. 建立图10-92所示的配合件模型，并选择合适的粗、精加工方法，实现其自动编程。

3. 建立图10-93所示的正反零件模型，并选择合适的加工方法，实现其自动编程。

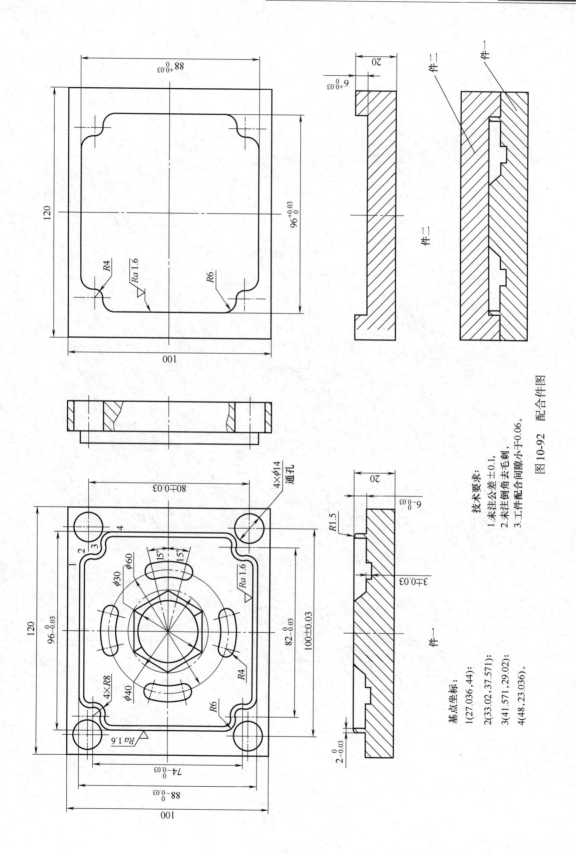

图 10-92　配合件图

技术要求：
1.未注公差±0.1，
2.未注倒角去毛刺，
3.工件配合间隙小于0.06。

基点坐标：
1(27.036,44)；
2(33.02,37.571)；
3(41.571,29.02)；
4(48,23.036)。

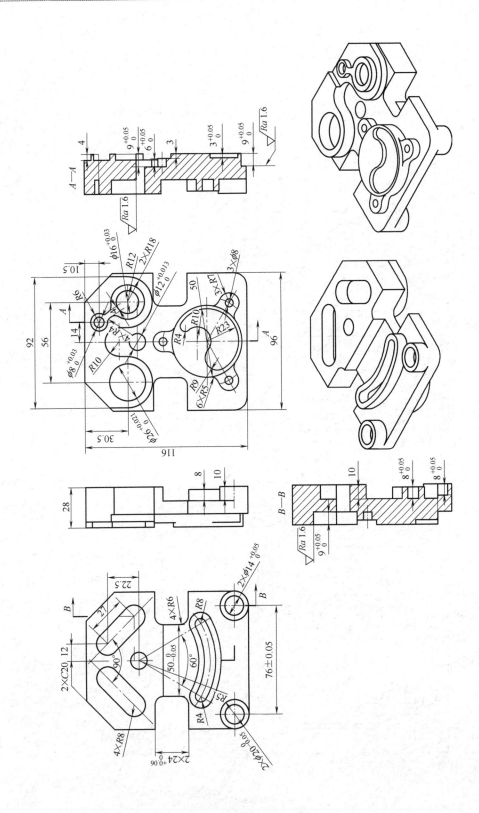

图10-93　正反零件模型图

参 考 文 献

[1] 郑书华. 数控铣削编程与操作训练. 北京：高等教育出版社，2005.
[2] 陈明. CAXA 制造工程师：数控加工. 北京：北京航空航天大学出版社，2006.
[3] 赵国增. 机械 CAD / CAM. 北京：机械工业出版社，2005.
[4] 史翠兰. CAD / CAM 技术及其应用. 北京：机械工业出版社，2003.
[5] 罗军. CAXA 制造工程师项目教程. 北京：机械工业出版社，2010.
[6] 刘玉春. CAXA 制造工程师2013项目案例教程. 北京：化学工业出版社，2013.
[7] 张云杰. CAXA 制造工程师2015技能课训. 北京：电子工业出版社，2016.
[8] 刘玉春. 数控编程技术项目教程. 北京：机械工业出版社，2016.
[9] 姬彦巧. CAXA 制造工程师2015与数控车. 北京：化学工业出版社，2017.
[10] 刘玉春. CAXA 制造工程师2016项目案例教程. 北京：化学工业出版社，2019.